高等学校大数据工程技术专业创新与实践系列教材

# Python

## 程序设计项目教程

主　编　张小志

副主编　钱孟杰　贺　静　罗文塽　董　永

编　著　霍艳玲　杨　平　王　刚　祝志奇　高娟娟　李洪燕　柴旭光

清华大学出版社

北京

## 内 容 简 介

本书以 Python 3 为平台,系统介绍了 Python 编程基础知识及其应用,包括搭建 Python 编程环境,基础语法、流程控制语句、字符串、列表与元组、字典与集合、函数等应用,文件操作,面向对象编程,异常处理,模块应用方面的内容。本书内容从实际应用出发,内容深入浅出,每个知识点都配备案例进行讲解。在组织编排上符合职业教育教学模式,以工作任务引领专业知识的学习和职业技能的训练,共开发有 24 个工作任务。本书同时配备丰富的教学资源,包括微课视频、课件、课程标准、教案、教学日历、实训任务、题库、任务案例代码等。

本书可作为高等学校本科各专业 Python 程序设计课程的教材,也可以作为高职本科、高职专科相关课程教材,还可以作为 Python 编程爱好者的参考用书。

版权所有,侵权必究。举报:010-62782989,beiqinquan@tup.tsinghua.edu.cn。

**图书在版编目(CIP)数据**

Python 程序设计项目教程 / 张小志主编. -- 北京:清华大学出版社,2024.12. --(高等学校大数据工程技术专业创新与实践系列教材).
ISBN 978-7-302-67816-8

Ⅰ. TP311.561

中国国家版本馆 CIP 数据核字第 20248HK635 号

责任编辑:苏东方
封面设计:杨玉兰
责任校对:郝美丽
责任印制:刘 菲

出版发行:清华大学出版社
       网 址:https://www.tup.com.cn,https://www.wqxuetang.com
       地 址:北京清华大学学研大厦 A 座       邮 编:100084
       社 总 机:010-83470000       邮 购:010-62786544
       投稿与读者服务:010-62776969,c-service@tup.tsinghua.edu.cn
       质量反馈:010-62772015,zhiliang@tup.tsinghua.edu.cn
       课件下载:https://www.tup.com.cn,010-83470236
印 装 者:三河市君旺印务有限公司
经 销:全国新华书店
开 本:185mm×260mm    印 张:17    字 数:405 千字
版 次:2024 年 12 月第 1 版    印 次:2024 年 12 月第 1 次印刷
定 价:49.00 元

产品编号:106482-01

# 高等学校大数据工程技术专业创新与实践系列教材

## 编写委员会

主　任：张小志、冯　磊
委　员：（按姓名拼音排序）

曾凡晋、柴旭光、陈　军、丁　莉、董　永、段雪丽、冯笑雪、
高　欢、高娟娟、贺　静、侯宇坤（企业）、霍艳玲、李　静、
李洪燕、李荣贵（企业）、李园园、李战军、刘　冬、刘　霞、
刘　鑫、刘军旗、路俊维、苗　瑞、綦　广、钱孟杰、宋亚青、
陶　智、佟　欢、汪　韵、王　刚、王　浩、王　谊、王冬梅、
吴超楠、吴庆双、徐振立、杨　平、游大海（企业）、于琦龙、
于兴隆、张　静、张　莉、张宏伟、张火林、张耀强（企业）、
赵　庆、赵美枝、祝志奇、邹　君

## 专家委员会

主　任：王学东、田　鹏（企业）
副主任：刘少坤、王学军、郭田奇（企业）
委　员：（按姓名拼音排序）

陈　贺（企业）、靳学昕（企业）、李　超、梁伟豪、马国峰、
马永斌、齐运瑞、孙　瑞、田敬军、魏仟仟（企业）、严正香、
杨　涛、杨玉坤、虞　沧、张鹏飞、张瑞君、赵丙辰、郑阳平、
朱慧泉

Python 是一种简单易学、功能强大的编程语言,因其广泛的应用领域和强大的社区支持,受到了广大编程爱好者和专业开发者的青睐,长期位于 TIOBE 编程语言排行榜第一位。

本书作为职业本科大数据工程技术专业的系列教材之一,以职业本科学生编程能力培养需求为导向,采用任务引领的教学模式,通过一系列精心设计的项目任务,引导学生逐步掌握 Python 编程的基本知识和技能。全书在内容的组织上,按照编程语言学习的一般过程,由浅入深,设置了 11 个项目。在任务的选取上,按照贴近工作实际、任务与知识技能相适配的原则,设置了 24 个任务,涵盖了 Python 编程的核心知识、技能点。

项目 1 通过完成打印树形图案的任务,介绍 Python 编程环境的搭建、熟练使用 Python 开发工具编写简单的代码,以及将代码编译成可执行文件。

项目 2 通过完成打印简单名片、传统长度单位转换、比较正方形和圆的面积与周长等任务,介绍 Python 的基础语法知识,涵盖代码格式规范、标识符和关键字的使用、数据的表示方法、数据的输入与输出方法、数字类型的区分、常量的定义与数字类型转换方法,以及常用运算符的使用等内容。

项目 3 通过完成快递计费、用户登录检测、数据加密、猜价格赢折扣等任务,介绍 Python 程序设计的基本流程,选择判断语句、循环控制语句和跳转语句等常用流程控制语句的基本语法以及使用方法,以及语句之间的相互嵌套使用等内容。

项目 4 通过完成输出英文歌词、用户名密码提取等任务,介绍 Python 字符串格式化输出、字符串查找与替换、字符串分隔与拼接、字符串大小写转换、字符串对齐、正则表达式等内容。

项目 5 通过完成演讲比赛评分系统设计、快递超市管理系统设计和中文数字转换等任务,介绍 Python 列表的创建、列表元素的访问、列表元素的修改、元组的创建、元组元素的访问等内容。

项目 6 通过完成菜单管理系统设计、自助点餐系统设计等任务,介绍 Python 字典和集合的创建、元素的访问以及添加、修改、删除等内容。

项目 7 通过完成简易计算器设计、汽车进销存管理系统设计、汉诺塔游戏设计等任务,介绍 Python 中函数的定义和调用、参数的传递、变量的作用域、递归与嵌套、匿名函数等内容。

项目 8 通过完成文件复制、文件批量重命名和文件数据读写等任务,介绍 Python 文件的读写、文件夹的管理、数据格式化、文件内容读写等内容。

项目 9 通过完成虚拟宠物系统设计的任务,介绍 Python 面向对象编程的方法,Python 中类、对象、成员属性、成员方法、访问权限与封装、类的继承、重写和调用父类方法、多态等内容。

项目 10 通过完成密码复杂度检查的任务,介绍 Python 程序中异常的定义、异常的捕捉、异常的处理、异常的抛出、自定义异常类等内容。

项目 11 通过完成简单网络爬虫任务,介绍 Python 中模块的概念、模块的创建、模块的导入与调用、包的创建与导入、常用库等内容。

本书旨在通过任务引领的教学方式,引导读者逐步构建起完整的知识体系,提升编程实践能力。每个任务都是按照"任务提出—任务分析—知识准备—任务实现—任务总结—巩固练习—任务拓展"的模式进行组织,符合学生学习认知的特点和技术技能人才的成长规律。每个任务都配有巩固练习,用于检验、巩固学习效果;每个任务都设置有任务拓展训练,引导学生自主思考和探索,尝试使用不同的方法解决问题,培养创新能力和解决问题的能力。

为方便学习使用,本书配备有丰富的教学资源,包括微课视频、课件、课程标准、教案、教学日历、实训任务、题库、任务案例代码等。另外,本书在智慧职教平台已经上线配套的在线开放课程"Python 程序设计",支持实施翻转课堂教学和线上线下混合式教学。

本书配套资源中的任务、案例、编程题、拓展训练源代码都已经通过测试,所有源代码都是在 Windows 10 64 位操作系统中编写,所使用的 Python 解释器版本是 Python 3.10.5,集成开发环境为 PyCharm Community 2022.1.4。

本书适合作为高职本科、应用型本科、高职专科各专业 Python 程序设计课程的教材,也可以作为 Python 编程爱好者的参考用书。

由于开发工具和编程语言更新速度较快,且作者能力与水平有限,书中难免有疏忽、遗漏和错误,恳请广大读者提出宝贵意见和建议,以便今后改进。

全书由河北科技工程职业技术大学张小志任主编并负责统稿,由冯磊负责主审,由钱孟杰、贺静、罗文塽任副主编。本书的项目 1、项目 10、项目 11 由张小志编写,项目 5、项目 6、项目 8 由钱孟杰编写,项目 2、项目 4 由贺静编写,项目 3、项目 7 由罗文塽编写,项目 9 由董永编写。本书在编写过程中得到了霍艳玲、杨平、王刚、祝志奇、高娟娟、李洪燕、柴旭光等教师的大力支持,在任务和案例的设计上得到了新道科技股份有限公司等的帮助,在此一并表示感谢。

作 者

2024.11

# 目 录

## 项目 1 搭建 Python 编程环境

## 项目 2 基础语法应用

# 项目 3　流程控制语句应用

## 项目 4　字符串应用

# 项目 5　列表与元组应用

# 项目 6　字典与集合应用

# 项目 7　函　数　应　用

# 项目 8 文件操作

# 项目 9 面向对象编程

# 项目 10　异　常　处　理

# 项目 11　模　块　应　用

# 项目 1

# 搭建 Python 编程环境

Python 是一种面向对象、解释型的计算机程序设计语言，它提供了高效的高级数据结构，既支持面向过程编程也支持面向对象编程。Python 具有简单易学、功能强大、跨平台性好、免费开源和强大的社区支持等优点，已经成为多数平台上写脚本和快速开发应用的编程语言。随着 Python 的版本不断更新和新功能的持续拓展，它逐渐被用于独立、大型项目的开发，也成为各种应用开发场景的首选编程语言。

本项目通过打印树形图案任务的实现，帮助读者搭建 Python 编程环境，熟练使用 Python 开发工具编写简单的代码，并将代码编译成可执行文件。

## 【学习目标】

### 知识目标

1. 了解 Python 语言发展历程。
2. 了解 Python 语言主要特点。
3. 了解 Python 语言应用领域。
4. 熟悉 Python 程序的运行方式。
5. 熟悉 Python 程序常见的开发环境。

### 能力目标

1. 能够完成 Python 解释器的安装。
2. 能够完成 PyCharm 集成开发环境的安装。
3. 能够熟练使用 Python 命令交互模式。
4. 能够熟练使用 Python IDLE 工具。
5. 能够熟练使用 PyCharm 编写简单的代码。
6. 能够将 Python 程序编译为可执行文件。
7. 能够熟练使用包管理器下载第三方模块并安装。

## 【建议学时】

2 学时。

# 任务 1    打印树形图案

## 【任务提出】

1. 运用 PyCharm 开发工具编写 Python 程序 tree.py,通过 print()函数控制输出信息,打印如图 1.1 所示的树形图案。

2. 在 Windows 系统中,运用 PyInstaller 编译工具将 Python 程序 tree.py 编译成 EXE 可执行文件。

```
        *
       ***
      *****
     *******
    *********
   ***********
        *
        *
        *
        *
```

## 【任务分析】

本任务为首次运用 Python 编程,需要先搭建 Python 编程环境,再编写代码实现树形图案的打印输出,具体的任务实施分析如下所示。

图 1.1    树形图案

1. 下载、安装、运行 Python。

2. 下载、安装、配置与运行 PyCharm 开发工具。

3. 运用 PyCharm 开发工具编写任务源代码 tree.py。

4. 在开发环境中运行测试任务源代码 tree.py。

5. 优化任务源代码 tree.py 并测试运行。

6. 运用 PyInstaller 工具将 tree.py 编译成 EXE 可执行文件。

7. 测试运行可执行文件 tree.exe,查看运行结果。

## 【知识准备】

视频讲解

## 1.1    初识 Python

### 1.1.1    发展历程

Python 语言由荷兰数学和计算机科学研究学会的吉多·范罗苏姆(Guido van Rossum)于 19 世纪 90 年代初期设计。在设计 Python 之初,市面上已经存在各种编程语言,不过它们要么语法复杂,要么学习成本高,最重要的是功能不够强大。于是,吉多·范罗苏姆就萌发了设计一款功能强大、语法简洁的新语言的想法,于 1989 年定下目标之后,便以 ABC 语言为基础设计 Python 语言,并以英国喜剧偶像团队 Monty Python 命名,它的 logo 被设计成了两条盘绕的巨蟒,第一个公开版本于 1991 年年初公开发行。

随着 Python 用户群的不断增长,1994 年 1 月,Python 新版本 1.0 发布。2000 年 10 月,Python 2.0 发布。Python 吸引了全球各地的程序员共同参与开发,其功能也越来越强大。

随着 Python 语言的管理工作不断走向规范化,2001 年,Python 软件基金会(PSF)成立。2008 年 12 月,Python 3.0 版本发布,并作为官方维护的主要版本,该版本增加了很多的标准库,同时合并、拆分和删除了一些 Python 2.x 的标准库,因此 Python 3 不完全兼容 Python 2 系列版本。2010 年,Python 2.x 系列发布了最后一个版本,其主版本号为 2.7,其后,Python 2.x 系列慢慢退出历史舞台。2011 年 1 月,它被 TIOBE 编程语言排行榜评为 2010 年度语言。2020 年 1 月 1 日,Python 终止了对 Python 2.7 的支持。2021 年 10 月,Python 被评为最受欢迎的编程语言。截至 2024 年 3 月,在 TIOBE 世界编程语言排行榜中,Python 占据了 15.63% 的市场份额,是目前世界上最受欢迎的编程语言之一。

本书将以 Python 3.10.5 版本为工具介绍 Python 程序设计相关知识。

## 1.1.2　主要特点

Python 语言比较容易学习和掌握,既适合于编程新手,也适合于有经验的开发人员,是人工智能时代学习程序设计的首选语言。Python 具有以下几方面的特点。

(1)语法简单。和传统的 C/C++、Java、C♯ 等语言相比,Python 对代码格式的要求没有那么严格,这使得程序员在编写代码时可以专注于解决问题,而不用在语法的细枝末节上花费太多精力。例如,Python 使用的关键字比较少,废弃了花括号、BEGIN 和 END 等标记,直接使用空格或制表符来区分代码块,语句末尾也不需要使用分号,语法结构易读、易维护;Python 定义变量时不需要指明类型,甚至可以给同一个变量赋值不同类型的数据。

(2)交互模式。Python 有两种基本的代码运行模式:脚本模式和交互式模式。其中,交互模式有利于快速方便地运行单行代码或代码块,在 Python 命令提示符下可以直接输入代码,按 Enter 键即可解释运行代码并直接查看运行结果,为测试代码提供了极大的便利。

(3)解释性语言。Python 是典型的解释性语言,Python 程序不需要编译成二进制代码,可以直接从源代码运行程序。在执行程序时需要一边转换一边执行,Python 解释器可以把源代码转换成字节码的中间形式,然后再把它翻译成计算机使用的机器语言并运行。这使得使用 Python 更加简单、更加易于移植。而 C 或 C++ 等编译性语言编写的程序必须编译成二进制代码文件才可以运行,且不能跨平台运行。

(4)跨平台性。这里所说的跨平台,是指源代码跨平台,而非解释器跨平台,Python 支持 Linux、Windows、FreeBSD、Macintosh、Solaris、OS/2、Windows CE、PocketPC、Android 等平台,并针对不同的平台开发了不同的解释器,这些解释器遵守同样的语法、识别同样的函数、完成同样的功能,确保了同一份 Python 代码在不同平台上拥有相同的执行结果,真正实现一次编写、多平台运行。

(5)可扩展性。Python 的可扩展性体现在它的模块,Python 具有脚本语言中最丰富、强大的库或模块,这些库或模块覆盖了文件操作、图形界面编程、网络编程、数据库访问等绝大部分应用场景。Python 不仅可以引入.py 文件,还可以通过接口和库函数调用由其他高级语言(如 C 语言、C++、Java 等)编写的代码,因此 Python 又常被称为"胶水"语言。例如,当需要一段关键代码运行速度更快时,可以使用 C/C++ 语言实现,然后在 Python 中调用它们。Python 依靠其良好的扩展性,在一定程度上弥补了运行效率低的缺点。

（6）丰富的库。Python 社区发展良好，拥有强大的标准库和大量的第三方模块可供调用，其中就包括 Google（谷歌）、Facebook（脸书）、Microsoft（微软）等软件巨头提供的模块。借助 Python 库基本可以实现所有常见的功能，从简单的字符串处理到复杂的 3D 图形绘制，都可以轻松完成。例如，用户通过调用游戏库仅用少量代码就可以快速完成数字华容道、吃豆人等小游戏的设计。

### 1.1.3　应用领域

Python 作为最流行的编程语言，它已被逐渐应用于各个领域。

（1）**Web 应用开发**。Python 提供了丰富的 Web 开发框架，例如 Django、flask、TurboGears、web2py 等，支持用户方便地开发 Web 应用。全球最大的搜索引擎 Google，其在网络搜索系统中就广泛使用 Python 语言。另外，豆瓣网、全球最大的视频网站 YouTube 以及 Dropbox 也都是用 Python 开发的。

（2）**自动化运维**。Python 编写的系统管理脚本，在可读性、性能、代码重用度以及扩展性方面，都优于普通的 SHELL 脚本。目前开源软件社区优秀的自动化运维软件，如 Ansible、Airflow、Celery、Paramiko 等框架都使用 Python 语言开发，甚至一些大型商用的自动化部署系统中都有 Python 的应用。因此，Python 不仅可以编写自动化运维程序，而且可以对开源的自动化运维工具进行二次开发。很多操作系统中，Python 是标准的系统组件，大多数 Linux 发行版以及 NetBSD、OpenBSD 和 MacOS X 都集成了 Python，可以在终端下直接运行 Python。

（3）**人工智能领域**。Python 在人工智能领域内的机器学习、深度学习等方面，都是主流的编程语言。基于大数据分析和深度学习发展而来的人工智能，已经无法离开 Python 的支持，Google 的 tensorflow（神经网络框架）、FaceBook 的 pytorch（神经网络框架）以及开源社区的 keras 神经网络库等，都是用 Python 实现的。微软的 CNTK（认知工具包）也完全支持 Python，并且该公司开发的 Visual Studio Code（简称 VSCode），也已经把 Python 作为第一级语言进行支持。

（4）**网络爬虫**。Python 语言很早就用来编写网络爬虫，Google 等搜索引擎公司大量地使用 Python 语言编写网络爬虫。Python 提供了很多服务于编写网络爬虫的工具，例如 urllib、selenium 和 beautifulsoup 等，还提供了一个网络爬虫框架 scrapy，可以有效地检索在线数据和网页内容。除了工具和框架之外，Python 的标准库还提供了功能强大的工具，适用于机器学习项目、数据检索、SEO 排名、电商数据收集等任务。

（5）**科学计算**。Python 语言在科学计算领域中发挥了独特的作用，提供很多模块帮助用户在计算巨型数组、矢量分析等方面高效地完成任务。numPy 数值编程扩展包括很多高级工具，例如矩阵对象、标准数学库的接口等。通过将 Python 与数值计算的常规代码进行集成，numPy 将 Python 变成一个缜密严谨并且简单易用的数值计算工具，这个工具通常可以替代已有代码，而这些代码都是用 Fortran 或 C++ 等语言编写的。此外，还有一些数值计算工具为 Python 提供了动画、3D 可视化、并行处理等功能的支持。

（6）**游戏开发**。Python 支持用户进行二维和三维图像处理，可以直接调用 OpenGL 实现 3D 绘制。也有很多 Python 语言实现的游戏引擎，例如 pygame、pyglet 以及 Cocos 2d 等。很多游戏使用 C++ 编写图形显示等高性能模块，而使用 Python 编写游戏的逻辑。

（7）数据库编程。Python 支持与 Microsoft SQL Server、Oracle、Sybase、DB2、MySQL、SQLite 等数据库通信。Python 提供了统一的 DB-API 接口来实现对数据库的访问，DB-API 接口屏蔽了访问不同数据库的所有底层细节，Python 应用程序调用 DB-API 接口可以实现对不同数据库的访问。

（8）网络编程。Python 提供丰富的模块支持 Sockets 编程，能方便快速地开发分布式应用程序。很多大规模软件开发计划，例如 Zope、Mnet、BitTorrent 和 Google 都在广泛地使用它。

## 1.2 下载、安装和运行 Python

视频讲解

如果想要开发 Python 程序，就必须先安装 Python 开发环境，用户可以利用 Python 集成开发环境来编写、调试和运行 Python 程序。

### 1.2.1 下载 Python

打开 Python 官方网站可以免费下载所有版本的 Python 安装程序，如图 1.2 所示。

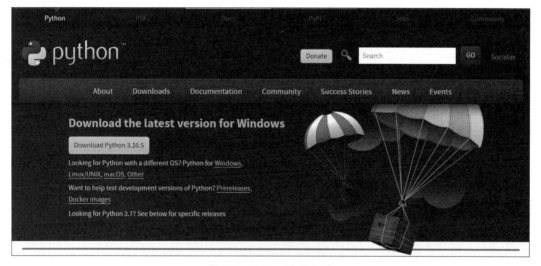

图 1.2　Python 官网网站

本书基于 Windows 10 64 位操作系统，所使用的版本是 Python 3.10.5，单击图 1.2 中的 Download Python 3.10.5 按钮，即可下载安装程序，下载后的默认文件名为 Python-3.10.5-amd64.exe。

如果要下载其他版本的 Python 安装程序，可以单击图 1.2 中的 Windows、Linux/Unix 等操作系统链接，打开该操作系统下的 Python 版本列表，如图 1.3 所示，用户可以按照版本号浏览查找下载。

用户可以根据操作系统，选择 32 位或者 64 位版本的下载安装程序。

### 1.2.2 安装 Python

下载 Python 3.10.5 版本后，安装 Python 的具体操作步骤如下所示。

（1）双击运行 Python-3.10.5-amd64.exe，打开如图 1.4 所示的 Python 安装启动界面。

## Python Releases for Windows

- Latest Python 3 Release - Python 3.10.5
- Latest Python 2 Release - Python 2.7.18

### Stable Releases

- Python 3.10.5 - June 6, 2022

  **Note that Python 3.10.5 *cannot* be used on Windows 7 or earlier.**

  - Download Windows embeddable package (32-bit)
  - Download Windows embeddable package (64-bit)
  - Download Windows help file
  - Download Windows installer (32-bit)
  - Download Windows installer (64-bit)

- Python 3.9.13 - May 17, 2022

  **Note that Python 3.9.13 *cannot* be used on Windows 7 or earlier.**

  - Download Windows embeddable package (32-bit)
  - Download Windows embeddable package (64-bit)
  - Download Windows help file
  - Download Windows installer (32-bit)
  - Download Windows installer (64-bit)

### Pre-releases

- Python 3.11.0b4 - July 11, 2022
  - Download Windows embeddable package (32-bit)
  - Download Windows embeddable package (64-bit)
  - Download Windows embeddable package (ARM64)
  - Download Windows installer (32-bit)
  - Download Windows installer (64-bit)
  - Download Windows installer (ARM64)

- Python 3.11.0b3 - June 1, 2022
  - Download Windows embeddable package (32-bit)
  - Download Windows embeddable package (64-bit)
  - Download Windows embeddable package (ARM64)
  - Download Windows installer (32-bit)
  - Download Windows installer (64-bit)
  - Download Windows installer (ARM64)

- Python 3.11.0b2 - May 31, 2022

图 1.3　选择不同版本下载

图 1.4　Python 安装启动界面

（2）在如图 1.4 所示的界面中，勾选 Install launcher for all users（recommended）和 Add Python 3.10 to PATH 两个复选框，前者表示给所有系统用户创建 Python 快捷方式，后者表示将 Python 安装目录加入 Windows 环境变量 PATH 路径中。单击 Install Now 按钮即可开始安装。Install Now 按钮下方显示的是默认的安装路径、安装的组件内容。图 1.5 显示了 Python 的安装进度、正在安装的组件，如果需要取消安装，可单击 Cancel 按钮。

（3）当出现 Setup was successful 提示时，表示安装完成，如图 1.6 所示。在这里可以单

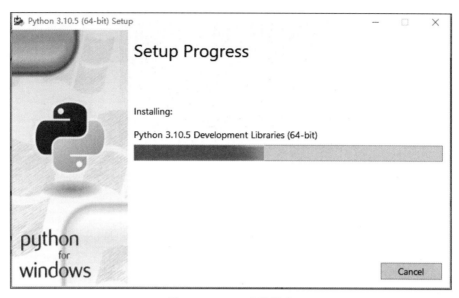

图 1.5　Python 安装进度

击 Online tutorial 链接查看在线教程；也可以单击 documentation 链接查看 Python 文档；或者单击 what's new 链接查看当前版本有哪些新增的功能特性；单击 Disable path length limit 选项，可以禁用系统的路径长度限制，规避麻烦；最后单击 Close 按钮关闭即可。

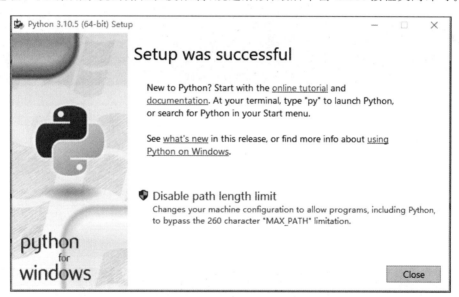

图 1.6　Python 安装完成

安装完成之后，在操作系统的"开始"菜单中会添加一个名为 Python 3.10 的文件夹，其中包含有 4 个快捷方式，如图 1.7 所示。

- IDLE(Python 3.10 64-bit)：启动 Python 集成开发环境。
- Python 3.10(64-bit)：启动 Python 命令行解释器。
- Python 3.10 Manuals(64-bit)：打开 Python 说明文档。
- Python 3.10 Module Docs(64-bit)：打开 Python 模块帮助文档。

图 1.7　Python 快捷方式

### 1.2.3　运行 Python

安装完成之后,可以通过命令行解释器或者集成开发环境(IDLE)来运行 Python 程序。

**1. Python 命令行解释器**

运行 Python 命令行解释器有两种方式如下所示。

(1) 通过快捷方式运行:单击"开始"菜单,依次选择菜单 Python 3.10→Python 3.10 (64bit),打开命令行解释器窗口,如图 1.8 所示。

图 1.8　通过快捷方式运行

在该窗口中首先显示的是 Python 的版本信息等,接着出现 Python 命令提示符">>>", 在该提示符后面可以直接输入 Python 语句,按 Enter 键即可运行该语句并显示运行结果。

下面来简单使用 Python 命令解释器,在命令提示符后面输入 a=1,按 Enter 键,表示给 变量 a 赋值为 1;再输入 b=2,按 Enter 键,表示给变量 b 赋值为 2;最后输入 a+b,进行求 和运算,表示将变量 a 和 b 的值相加,按 Enter 键,此时显示出计算结果为 3,相当于调用函 数 print(a+b)将计算结果打印输出到屏幕上,如图 1.9 所示。

图 1.9　输入简单命令

如果需要退出 Python 命令行解释器,可以在命令行提示符下输入 quit()或 exit(),再 按 Enter 键退出;也可以使用快捷键 Ctrl+Z 直接退出。

(2) 通过命令方式运行:运行 cmd.exe,打开控制台窗口,在这里输入 Python 命令,此时窗口中出现了 Python 版本信息、Python 命令提示符"＞＞＞",如图 1.10 所示。

图 1.10 通过命令方式运行

Python 命令除了可以打开解释器以外,还具有其他的一些功能,其基本语法格式如下所示。

Python [选项][-c 命令 | -m 模块名称 | 脚本 | -][参数]

语法格式说明如下所示。

- -c 命令:表示以字符串形式传入命令。
- -m 模块名称:将库模块作为脚本运行。
- 脚本:运行源代码文件。
- -:从 stdin 中读取程序。

如果想要显示 Python 命令的详细用法,可以在控制台窗口中,输入命令 Python -h,即可显示出 Python 命令的完整用法,如图 1.11 所示。

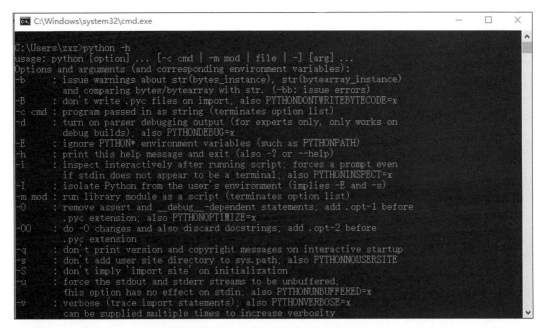

图 1.11 **Python** 命令详细用法

在控制台窗口中,输入命令 Python tree.py,可以运行名为 tree.py 的 Python 程序代码文件。注意,tree.py 必须是提前编写好的 Python 代码文件。

**2. Python 集成开发环境 IDLE**

Python 自带的集成开发环境为 IDLE,具有文本编辑、语法加亮显示、代码自动完成、段落缩进、Tab 键控制、程序调试等功能。

单击"开始"菜单按钮,依次选择菜单 Python 3.10→IDLE(Python 3.10 64-bit),打开集成开发环境窗口,如图 1.12 所示。

图 1.12　Python 集成开发环境 IDLE

进入 Python 集成开发环境后,可以在命令提示符">>>"后直接输入语句。也可以执行菜单 FILE→New File 命令,创建新的源代码文件,或者执行菜单 FILE→Open 命令打开已有源代码文件进行编辑。

## 1.3　常用 Python IDE

视频讲解

目前市面上的 Python 集成开发环境(integrated development environment,IDE)有很多,下面简要介绍几种常用的 Python IDE。

**1. PyCharm**

由 JetBrains 开发,分为免费的社区版和付费的专业版。它提供了一系列工具,例如智能代码补全、错误检查、版本控制等,使得 Python 开发更加高效。

**2. Visual Studio Code**

由 Microsoft 开发的轻量级、跨平台的源代码编辑器,支持 Python 的开发和调试。具有代码高亮、智能代码补全、调试等功能。

**3. Jupyter Notebook**

Jupyter Notebook 本质上是一个 Web 应用程序,允许用户创建和共享包含代码、文本和可视化内容的文档。

**4. Spyder**

Spyder 是一个 Python 科学计算环境,集成了交互式控制台、编辑器、集成的调试器和变量浏览器等功能,特别适用于数据分析和科学计算。

**5. Anaconda**

Anaconda 包含 Python 发行版和多个常用的数据科学包,例如 NumPy、Pandas 等。

Anaconda 自带 Spyder IDE,也支持其他 IDE,例如 Jupyter Notebook 和 PyCharm。

**6. Thonny**

Thonny 是为初学者设计的 IDE,具有实时反馈程序运行过程、调试时显示变量值和函数调用过程等特点,可以帮助初学者更好地理解和调试代码。

**7. Eclipse with PyDev**

Eclipse 是一个流行的 IDE,而 PyDev 是其用于 Python 开发的插件。它提供了 Python解释器、代码补全、调试器等功能,通常被用于创建和开发交互式的 Web 应用。

**8. Sublime Text**

Sublime Text 功能丰富、支持多种语言、有自己的包管理器,开发者可通过包管理器安装组件、插件和额外的样式,以提升编码体验,是开发者群体中最流行的编辑器之一。

**9. Vim**

Vim 是 Linux 系统中的高级文本编辑器,也是 Linux 程序员广泛使用的编辑器,它具有代码补全、编译及错误跳转等功能,并支持以插件形式进行扩展,实现更丰富的功能。

## 1.4 安装和配置 PyCharm

视频讲解

PyCharm 操作简捷、功能齐全,既适用于新手,也可满足开发人员的专业开发需求,是Python 开发人员最常用的开发工具之一。

### 1.4.1 PyCharm 下载与安装

(1)打开 PyCharm 官方网址,进入 PyCharm 的下载页面,如图 1.13 所示,在这里选择免费的 Community 社区版下载。本书所使用的版本为 PyCharm Community 2022.1.4 版本。

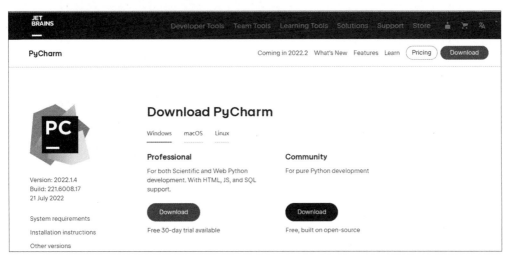

图 1.13 PyCharm 社区版下载页面

(2)双击下载好的安装包,启动 PyCharm 安装向导,可看到如图 1.14 所示的欢迎安装界面。

(3)单击 Next 按钮进入设置安装路径界面,如图 1.15 所示,用户可在此界面设置PyCharm 的安装路径。

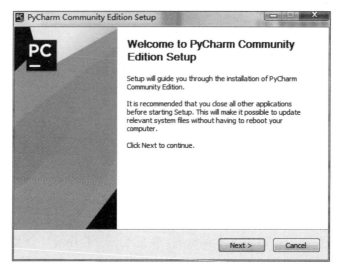

图 1.14　安装欢迎界面

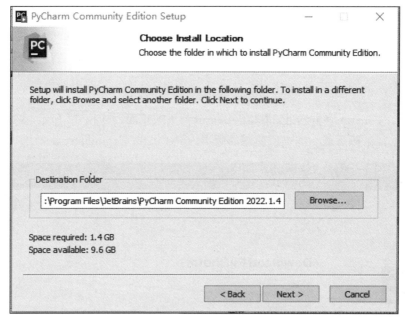

图 1.15　选择 PyCharm 安装路径

（4）单击 Next 按钮进入"安装选项"配置界面，如图 1.16 所示，在该界面中可配置 PyCharm 的安装选项。此处有四个复选框，功能如下所示。

- PyCharm Community Edition：创建 PyCharm 桌面快捷方式。
- Add "bin" folder to PATH：添加 PyCharm 的 bin 目录到系统环境变量 PATH 中。
- Add "OPEN Folder as project"：在 Windows 的右键弹出菜单中添加菜单项。
- .py：指定 PyCharm 关联扩展名为 py 的文件，双击 py 文件可直接启动 PyCharm 程序。

建议勾选所有复选框，单击 Next 按钮进入"开始"菜单快捷方式设置界面，如图 1.17 所示，保持不变。

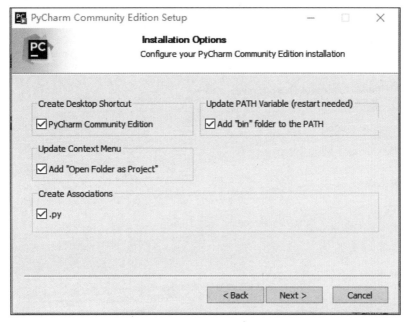

图 1.16　PyCharm 安装选项配置

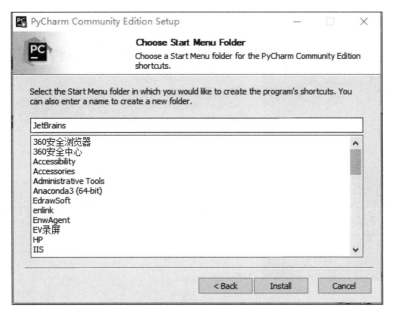

图 1.17　"开始"菜单快捷方式设置界面

（5）单击 Install 按钮继续安装 PyCharm，接下来会显示安装进度和安装内容，如图 1.18 所示，等待安装完成。单击 Next 按钮进入完成安装界面，如图 1.19 所示，直接单击 Finish 按钮即可完成安装。建议在安装完成之后重启计算机，确保所有的配置能够生效。

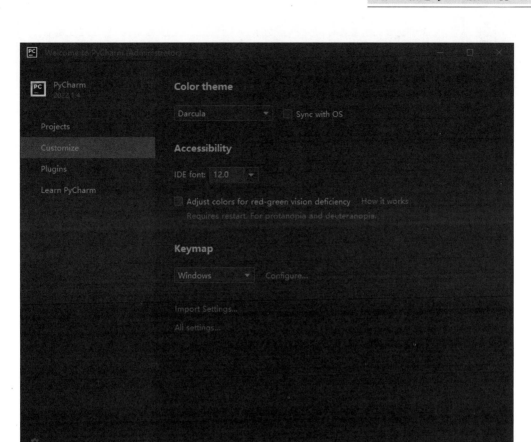

图 1.20　PyCharm 欢迎窗口

单击 Customize 选项卡,可修改用户界面主题风格,此处修改颜色主题为亮色,字体大小为 16.0,如图 1.21 所示。

(2) 单击 Project 选项卡中的 New Project 按钮,打开新建 Python 项目窗口。在最上方的 Location 文本框中输入或选择项目文件夹,并为该项目创建一个新的虚拟环境,指定虚拟环境所在文件夹、Python 解释器所在的位置,取消复选框 Create a main.py welcome script,如图 1.22 所示,单击 Create 按钮,创建一个新的项目。

(3) 进入 PyCharm 主界面,如图 1.23 所示,在主界面左侧显示当前项目的信息。刚刚创建的项目是一个没有源代码文件的空项目。

(4) 接下来在该项目中添加一个 Python 文件。右击项目名称,在弹出的下拉菜单中选择菜单 New→Python File。在弹出的新建 Python 文件对话框中输入文件名 First,类别为 Python file,如图 1.24 所示。

(5) 在右侧的代码窗口中输入下列代码。

```
print('Hello,Python!')
```

按快捷键 Ctrl+Shift+F10 运行该代码文件,在底部的结果窗格中可以查看运行结果,如图 1.25 所示。

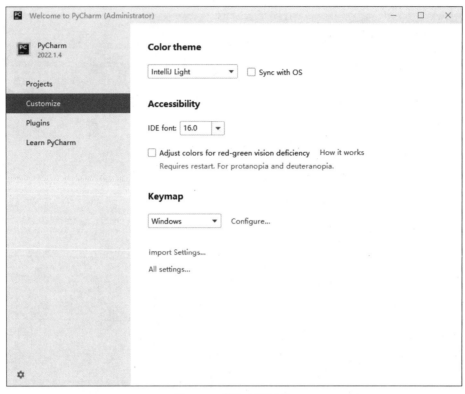

图 1.21　修改界面风格

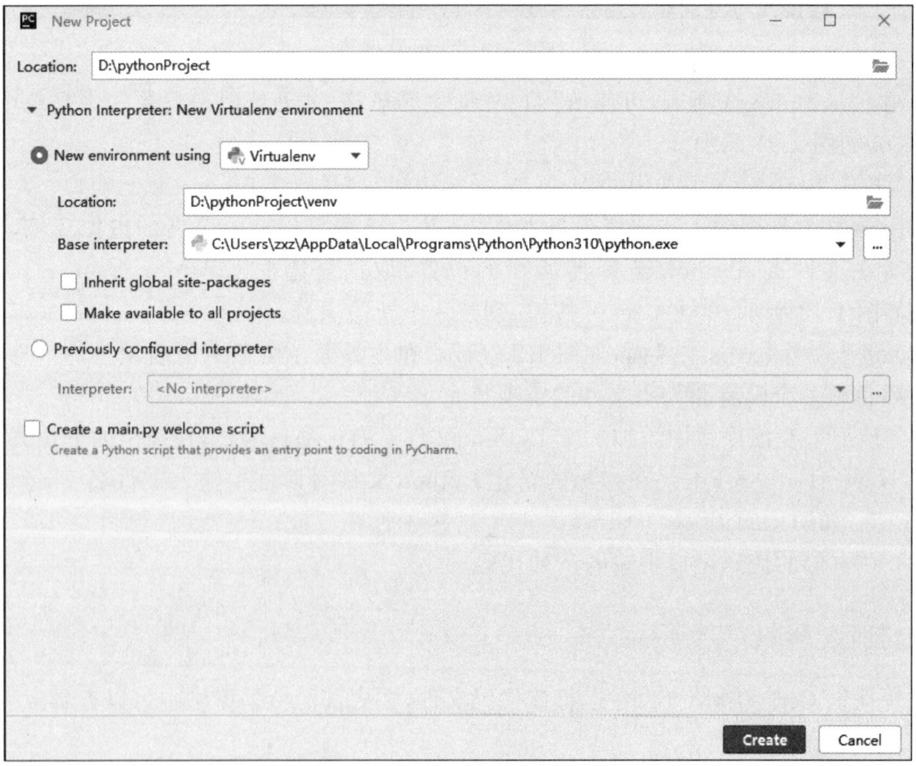

图 1.22　创建新项目窗口

图 1.23 PyCharm 主界面

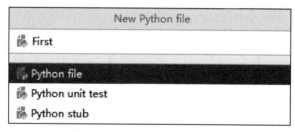

图 1.24 新建 Python 代码文件

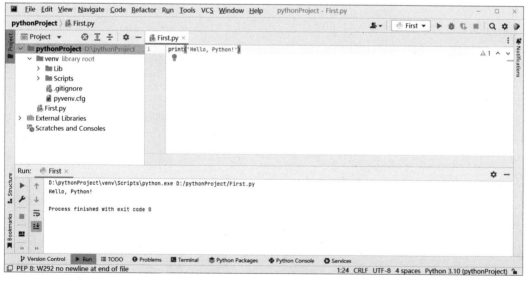

图 1.25 查看运行结果

## 1.5 编译可执行文件

前面编写的代码文件中,要求系统中必须存在 Python 命令行解释器或者 Python 集成开发环境,才能正常运行,一旦脱离环境将无法运行,这就极大地限制了 Python 应用程序的部署和运行。为了让 Python 应用程序能脱离支撑环境独立运行,可以使用 PyInstaller 工具将 Python 代码文件编译成可执行文件,例如 Windows 操作系统中的 EXE 可执行文件。

### 1.5.1 PyInstaller 简介

PyInstaller 是一个在 Windows、GNU/Linux、MacOS、FreeBSD、OpenBSD、Solaris 和 AIX 下将 Python 程序打包为可执行文件的工具软件。PyInstaller 可以与 Python 3.7～ Python 3.10 一起使用,通过透明压缩构建更小的可执行文件。它是完全多平台的,并且能使用操作系统支持加载动态库,从而确保完全兼容。

### 1.5.2 PyInstaller 安装

在使用之前,需要先安装 PyInstaller。用户可以使用 PyPI 来下载、安装 PyInstaller。PyPI 是 Python 官方维护的第三方库的仓库,开发者可以在这里发布和下载 Python 包。PyPI 推荐使用 pip 包管理器来下载第三方库,安装 Python 时已经内置 pip 包管理器程序,一般情况下用户不需要安装。

考虑到 pip 包管理器经常有新版本发布,在使用前可以先更新到最新版本,在 Windows 命令控制台窗口输入如下命令,按 Enter 键开始运行,如图 1.26 所示。

```
Python -m pip install --upgrade pip
```

接着安装 PyInstaller,输入如下命令。

```
pip install pyinstaller
```

升级 PyInstaller 到最新版本,输入如下命令。

```
pip install -upgrade pyinstaller
```

### 1.5.3 PyInstaller 使用

接下来就可以使用 PyInstaller 将 Python 源代码文件打包成 EXE 可执行文件。PyInstaller 命令的基本语法格式如下所示。

```
Pyinstaller ［选项］ <Python 源代码文件>
```

语法格式说明如下所示。

- -D,--onedir:默认选项,生成一个包含多个文件(含可执行文件)的文件夹。
- -F,--onefile:在 dist 文件夹中生成单个的可执行文件。

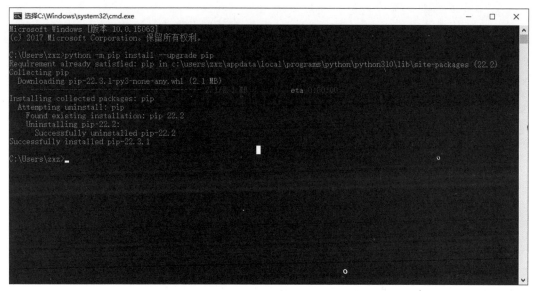

图 1.26 升级 pip 包管理器

- -o DIR,--specpath DIR：指定 spec 文件的生成目录（默认为当前目录）。
- -n NAME,--name NAME：分配给捆绑的应用程序和规范文件的名称（默认值：第一个脚本的基本名称）。
- -c,--console,--nowindowed：指定使用命令控制台窗口运行程序（仅对 Windows 有效）。

## 【任务实现】

**1. 分析代码**

通过仔细观察，可以发现树形图案有以下三个特点：

（1）整个树形图案全部都是由 * 号组成的，* 号出现的位置由前面的空格数量来确定，整个图案总共有 10 行；

（2）在树形图案中，第 1～6 行 * 号的个数分别为 1、3、5、7、9、11 个，依次递增；第 7～10 行 * 号的个数都是 1 个；

（3）在树形图案中，第 1～6 行 * 号前面的空格个数分别为 5、4、3、2、1、0 个，第 7～10 行 * 号前面的空格数都是 5 个。

初步考虑，可以通过 print 函数逐行输出空格和符号组成图案。

**2. 编写代码**

（1）启动 PyCharm，选择菜单 File→New Project，指定项目位置为 D:\Tree。

（2）右击项目文件夹 Tree，在弹出的快捷菜单中选择 New→Python File，在弹出的新建 Python 文件对话框中输入文件名 Tree，类别为 Python file。

（3）在 Tree.Py 文件的代码编辑窗口，输入如下代码。

```
print(" " * 5 +"*" * 1)
print(" " * 4 +"*" * 3)
```

```
print(" " * 3 +"*" * 5)
print(" " * 2 +"*" * 7)
print(" " * 1 +"*" * 9)
print(" " * 0 +"*" * 11)
print(" " * 5 +"*" * 1)
print(" " * 5 +"*" * 1)
print(" " * 5 +"*" * 1)
print(" " * 5 +"*" * 1)
```

代码中每个 print()函数输出的内容要独占 1 行,其中 print(" " * 5 ＋ "*" * 1)表示在该行先输出 5 个空格,后输出 1 个 * 号。

(4) 按快捷键 Ctrl＋Shift＋F10 运行当前程序,在底部的结果窗格中查看运行结果。

**3. 优化代码**

通过前面编写的代码,实现了树形图案的输出,但是也存在一定的问题,即代码量非常大、代码冗长而且低效。作为程序设计人员,不能仅满足于实现功能,还需要对代码进行必要的优化,尽量用较少的代码实现功能,以达到事半功倍的效果。

下面来继续分析,每一行 * 号前面的空格个数与 * 号的数量存在直接的联系,可以用计算公式表示为

$$空格数量＝(11－ * 号数量)/2$$

以这个公式为基础,可以对前面的代码进行优化。

```
#for 循环遍历存放 * 号个数的列表
for i in [1,3,5,7,9,11,1,1,1,1]:
    #计算每行的空格数
    space =int((11-i)/2)
    #打印空格数和 * 号个数
    print(space * " "+"*" * i)
```

**4. 编译 EXE 文件**

在命令控制台窗口中进入项目文件夹 D:\tree,找到 tree.py 程序文件,输入如下命令并执行。

```
Pyinstaller -F tree.py
```

编译成功之后如图 1.27 所示,在 D:\tree 项目文件夹中会生成一个 dist 子文件夹,编译生成的可执行文件 tree.exe 就存放在 dist 子文件夹中。

使用 cd 命令切换进入 dist 子文件夹,运行 tree.exe 文件,执行结果如图 1.28 所示,成功输出了树形图案。

```
d:\Tree>cd dist
d:\Tree\dist>tree.exe
```

图 1.27　EXE 文件编译成功

图 1.28　运行 EXE 可执行文件

## 【任务总结】

通过本任务的学习,读者全面地了解了 Python 语言的发展过程、主要特点、应用领域等内容,Python 以简单易学、开发方便、代码量少、生态健全而著称,目前已经成为最受欢迎的编程语言。

作为一门解释性语言,Python 程序的两种运行方式为交互式和文件式。

- 交互式:指 Python 解释器逐行接收 Python 代码并即时响应执行。

• 文件式：指先将 Python 代码保存在文件中，再启动 Python 解释器批量解释并执行代码。

Python 集成开发环境（IDE）是用于编写、测试、调试 Python 代码的集成环境，常见的 Python IDE 包括 PyCharm、Visual Studio Code、Jupyter Notebook、Spyder、Anaconda、Thonny、Eclipse with PyDev、Sublime Text 等，这些 IDE 各有特点，用户可以根据自己的需求和偏好选择合适的 IDE 进行 Python 开发。

通常情况下，Python 程序在代码编写、调试的过程中需要依赖 Python 编程环境，如果想把 Python 程序发布到其他设备上运行，就需要将 Python 程序打包成可脱离编程环境、独立运行的可执行文件。而 PyInstaller 就是一种支持在 Windows、GNU/Linux、MacOS 等不同平台下将 Python 程序打包为独立可执行文件的常用工具。

## 【巩固练习】

一、选择题

1. Python 是一种（　　）的编程语言。

　　A. 编译型　　　　　　B. 解释型　　　　　　C. 混合型　　　　　　D. 汇编型

2. Python 是由程序员（　　）创建的。

　　A. Guido van Rossum　　　　　　　　B. Dennis Ritchie

　　C. John Graham-Cumming　　　　　　D. Bjarne Stroustrup

3. Python 的特点不包括（　　）。

　　A. 简洁易懂的语法　　　　　　　　　B. 跨平台兼容性

　　C. 严格的类型检查　　　　　　　　　D. 丰富的标准库和第三方模块

4. Python 的应用领域不包括（　　）。

　　A. Web 应用开发　　B. 人工智能领域　　C. 操作系统开发　　D. 科学计算

5. Python 的第一个公开发行版本是（　　）年发布的。

　　A. 1985　　　　　　B. 1989　　　　　　C. 1991　　　　　　D. 1995

6. 工具（　　）可以将 Python 程序编译成可执行文件。

　　A. Python 解释器　　　　　　　　　　B. pip

　　C. PyInstaller　　　　　　　　　　　D. Jupyter Notebook

7. 关于 Python 程序的执行，以下描述中正确的是（　　）。

　　A. Python 程序必须先编译成机器码才能执行

　　B. Python 程序在运行时由解释器逐行解释执行

　　C. Python 程序中的语法错误在编译时会被检测出来

　　D. Python 程序可以直接转换为机器码，不需要解释器

8. （　　）提供了智能代码补全、错误检查和调试功能。

　　A. Visual Studio Code　　　　　　　B. Sublime Text

　　C. Vim　　　　　　　　　　　　　　D. Chrome 浏览器

二、判断题

1. Python 是由 Microsoft 公司开发的。　　　　　　　　　　　　　　　　　　（　　）

2. Python 是一种面向对象的编程语言。 （　　）

3. Python 只适用于 Web 开发。 （　　）

4. Python 是一种解释型语言，因此它的执行速度特别慢。 （　　）

5. Python 能支持多线程编程。 （　　）

6. Python 是一种静态类型的语言。 （　　）

7. Python 是跨平台语言，它可以在 Windows、Linux 和 macOS 等操作系统上运行。

（　　）

8. PyCharm 是 Python 的一个官方集成开发环境。 （　　）

9. 可以将 Python 程序编译成独立的可执行文件。 （　　）

10. Python 程序中的语法错误在编译时会被检测出来。 （　　）

三、操作题

1. 在 Windows 系统中下载 Python 安装程序，成功安装并尝试运行。

2. 在 Windows 系统中下载 PyCharm 最新版本并安装。

3. 创建一个空项目，在该项目中新建 Python 文件，输入如下代码，查看运行结果。

```
a =1
b =2
print(a+b)
```

4. 在 Windows 系统中下载安装 PyInstaller 编译工具。

## 【任务拓展】

1. 编写程序，通过 print() 函数打印输出如图 1.29 所示的菱形图案，仔细观察图案的特点，寻找规律，完成打印输出菱形图案的任务。要求在设计过程中对代码进行必要的优化。

图 1.29　菱形图案

2. 运用 PyInstaller 将菱形图案源代码编译成 EXE 可执行文件并测试运行。

3. 如果读者熟悉 Linux 操作系统的基本操作，可以尝试在 Linux 系统中搭建 Python 开发环境。

# 项目 2

## 基础语法应用

通过前面项目的学习,读者应该掌握了 Python 编程环境的搭建方法,而在正式开始编写 Python 代码之前,还需要深入理解和掌握 Python 的基础语法。语法是构成编程语言骨架的核心要素,而 Python 的突出特点就是其简洁明了的语法风格和清晰易读的代码结构。

本项目将通过完成三个具体任务来系统学习 Python 的基础语法知识,分别是打印简单名片、传统长度单位转换以及比较正方形和圆的面积与周长,涵盖代码格式规范、标识符和关键字的使用、数据的表示方法、数据的输入与输出方法、数字类型的区分、常量的定义与数字类型转换方法,以及常用运算符的应用等内容。通过任务的实践,读者将全面而深入地掌握 Python 基础语法的应用。

### 【学习目标】

**知识目标**

1. 了解 Python 的代码格式。

2. 熟悉 Python 中的标识符及关键字。

3. 掌握 Python 数据的输入和输出。

4. 熟悉 Python 数字的类型及数字类型转换。

5. 掌握 Python 的常用运算符。

6. 掌握 Python 的运算符优先级规则。

**能力目标**

1. 能够按照代码格式编写代码。

2. 能够熟练使用标识符和关键字。

3. 能够熟练使用输入和输出函数。

4. 能够根据需求进行数字类型转换。

5. 能够熟练地操作常用的运算符。

### 【建议学时】

4 学时。

# 任务 1　打印简单名片

【任务提出】

运用 PyCharm 开发工具编写 Python 程序,实现简单名片的打印功能。名片中的信息包括姓名、职位、公司名称、公司地址、电话、邮箱等,这些信息需由用户来输入。名片的显示效果如图 2.1 所示。

```
★★★★★★★★★★★★★★★★★★★★★★★★★★★★★
姓名：　张三
职位：　经理
公司名称：　★★有限公司
公司地址：　★★路★★号
电话：★★★★★★
邮箱：★★★★★★@qq.com
★★★★★★★★★★★★★★★★★★★★★★★★★★★★★
```

图 2.1　名片的显示效果

【任务分析】

本任务主要通过采集输入的各种个人信息,按照预先设计好的格式将信息以名片的形式展示出来。名片信息需要通过变量来保存,信息的输入与输出需要运用 input()函数和 print()函数来完成。具体的任务实施步骤如下所示。

(1) 创建 Python 程序 card.py。

(2) 通过 input()函数分别采集输入的个人信息,并赋值给各个变量进行保存。

(3) 通过 print()函数设计名片显示效果。

(4) 通过 print()函数以名片的样式输出保存在变量中的个人信息。

(5) 运行测试程序,检验输出的名片效果。

视频讲解

【知识准备】

## 2.1　代码格式

良好的代码格式对于提升代码的可读性至关重要。值得注意的是,与其他编程语言不同,Python 代码的格式本身就是 Python 语法的重要组成部分,如果不符合 Python 的格式规范,代码将无法正常运行。

### 2.1.1 注释

要提高代码的可读性,读者可以使用注释对程序进行标识,用于解释说明代码的含义和功能。注释分为两类:单行注释和多行注释。

单行注释以"#"号开头,可以独占一行,也可以位于代码之后。将光标放在注释所在的行,按下快捷键"Ctrl+/",就可以添加或者取消注释。

例 2.1   单行注释的示例代码如下所示。

```
#单行注释可以独占一行
print("hello world")            #单行注释也可以与代码共占一行
```

多行注释由三对单引号或双引号包裹多行语句,主要用于说明代码实现的功能。

例 2.2   多行注释的示例代码如下所示。

```
"""
打印如下语句:
hello Python
"""
print('hello Python')
```

注释是对程序进行解释说明的文字,并不会为解释器所执行。

### 2.1.2 缩进

在 Python 中,使用缩进来表示代码与代码之间的层次关系和逻辑关系。缩进可以通过空格键或者 Tab 键进行控制,Python 3 中首选的缩进方法是空格缩进,一般使用 4 个空格的宽度表示一级缩进,不允许将空格键和 Tab 键混合使用。

例 2.3   使用 if 条件语句判断学生成绩是否及格,示例代码如下所示。

```
score =80                      #设置学生成绩
#判断学生成绩是否及格
if score >= 60:
    #条件 score >=60 成立执行的代码段
    print("及格")
```

上面的代码中,if 语句由关键字 if、判断条件 score 大于或等于 60 和冒号组成。在冒号之后,另起一行并利用缩进使得代码段 print("及格")与 if 语句产生了关联。也就是说,score 大于或等于 60 的判断条件成立时,执行缩进的代码,否则不执行。关于 if 语句的详细用法在后续的内容中讲到。

如果 print("及格")前面没有缩进,运行代码时会出现如下所示的缩进错误提示。

```
IndentationError: expected an indented block
```

### 2.1.3 语句换行

在 Python 中,通常在一行中只书写一条语句,且每行代码一般不超过 79 个字符,如果语句过长,此时就需要作换行处理。

语句换行可以通过在语句的外部使用圆括号()、中括号[]或大括号{}来实现,每行可以通过引号进行隐式链接,也可以使用反斜杠"\"来实现分行书写的功能。

例 2.4 语句换行的示例代码如下所示。

```
#使用圆括号进行分行书写,在需要换行的位置直接按 Enter 键
str1 = ('语句换行可以通过在语句的外部使用圆括号()、中括号[]或大括号{}'
        '来实现,每行通过使用引号或者反斜杠来实现分行书写的功能。')

#使用中括号进行分行书写,在需要换行的位置输入反斜杠"\"回车
str2 = ['语句换行可以通过在语句的外部使用圆括号()、中括号[]或大括号{}\
来实现,每行通过使用引号或者反斜杠来实现分行书写的功能。']
```

## 2.2 标识符、关键字

视频讲解

### 2.2.1 标识符

在 Python 开发过程中,程序员希望通过一些符号或名称来表示变量、函数、对象、模块等,以方便程序调用。这些由程序员自定义的、在程序中使用的符号称为标识符。

Python 中的标识符命名需要遵守以下规则。

(1) 由字母、数字和下画线组成,且不能以数字开头。

(2) 严格区分大小写。例如,全小写的 name 和首字母大写的 Name 是不同的标识符。

(3) 不能使用 Python 中的关键字。

除了遵守标识符的命名规则以外,程序员一般还应遵守标识符的命名习惯,如下所示。

(1) "见名知义"。标识符的命名应遵循"见名知义"的原则,让程序员在查看代码时,能够迅速理解其含义和功能,从而提高代码的可读性和可维护性,减少误解并避免错误,使代码更加清晰易懂。例如,使用 class 表示班级,使用 name 表示姓名,那么 class_name 就可以表示班级名称。

(2) 大驼峰。名字中每个单词的首字母大写,例如 ClassName。

(3) 小驼峰。名字中第二个及以后的单词首字母大写,例如 myFirstName。

(4) 下画线。名字中的每个单词以下画线分隔,例如 my_name。

例 2.5 合法的标识符的示例如下所示。

```
class_name              #下画线
PassWord                #大驼峰
userPhoneNumber         #小驼峰
```

例 2.6　不合法的标识符的示例如下所示。

```
123name          #不能以数字开头
class            #不能是关键字
hello world      #不能包含空格等特殊字符
```

### 2.2.2　关键字

在 Python 中,有一些特殊符号,它们被预先定义并保留用于特定的语法和语义目的,这些符号被称为关键字或保留字,它们不能被用作标识符(如变量名、函数名等)的名称,以避免与 Python 的语法规则发生冲突。

在 Python 3 中一共保留了 35 个关键字,每个关键字都有相应的作用。关键字按照不同的功能分类,如表 2.1 所示。

表 2.1　关键字分类

| 分　类 | 关　键　字 |
|---|---|
| 内置常量 | False、True、None |
| 逻辑与或非 | and、or、not |
| 流程控制 | if、elif、else、is、in、for、while、break、continue |
| 函数 | def、lambda、pass、return、yield |
| 异常处理 | try、except、finally、raise、assert |
| 导入模块、包 | import、from |
| 重命名 | as |
| 变量 | global、nonlocal |
| 类 | class |
| 删除 | del |
| 上下文管理器 | with |
| 协程 | async、await |

读者可以通过 keyword 模块中的 kwlist 属性查看 Python 中所有的关键字,也可以通过使用 help(关键字)来查看关键字的声明。

例 2.7　查看关键字及其声明的示例代码如下所示。

```
import keyword           #导入关键字模块
#kwlist 中存放了 Python 中所有的关键字
print(keyword.kwlist)    #显示所有的关键字
help(False)              #查看关键字 False 的声明
```

## 2.3　变量

程序在执行过程中需要临时存储数据以便后续使用,这些临时数据被保存在计算机的内存单元中。那么,如何提取和使用这些临时数据呢?这就需要引入变量的概念。变量是编程中的一个基本概念,用于存储和引用数据。

在 Python 程序中,标识不同内存单元的标识符又称为变量,内存单元中存储的数据称为变量的值。例如,将年龄数据 18 存储在一个内存单元中,并用标识符 age 来标记这个内存单元,这样就可以通过 age 标识符来访问和操作内存单元中的数据,如图 2.2 所示。每个内存单元在内存中都有一个唯一的地址,这些地址由计算机自动管理,图 2.2 中的数值140705615257888 就是该内存单元的唯一地址。

图 2.2　数据在内存中的表示

在 Python 中,变量的定义可以分为单变量定义和多变量定义。单变量定义指的是一次只定义一个变量,并为它分配一个值。而多变量定义则允许在一次操作中定义多个变量,并为它们分别赋值。

例 2.8　单变量定义的示例代码如下所示。

```
#单变量定义:变量名 =变量值
name ='TOM'
age =18
```

其中,变量名需符合标识符命名规则和命名习惯,"="被称为赋值运算符,即把赋值运算符后面的值传递给前面的变量。

例 2.9　多变量定义的示例代码如下所示。

```
#变量名 1,变量名 2,... =变量值 1,变量值 2,...
name,age ="TOM",18
print(age)               #输出: 18
```

变量定义好之后,如果需要使用变量值,可以通过变量名访问数据。变量的值不是一成不变的,它可以随时被修改,只要重新赋值即可;另外,也可以将不同类型的数据赋值给同一个变量。除了赋值单个数据,也可以将表达式的运行结果赋值给变量。

注意:变量的值一旦被修改,新的值会覆盖旧的值,旧的数据将不复存在。换句话说,变量只能容纳一个值。

视频讲解

## 2.4　数据的输入输出

在 Python 代码中,如果需要实现人机交互,可以使用 input()、print()等函数来实现数据的输入、输出。

### 2.4.1　数据的输入

input()函数用于从标准输入(通常是键盘)读取数据,语法格式如下所示。

```
data = input([prompt])
```

语法格式说明如下所示。

- prompt：用户输入的提示信息，可以省略不写。
- data：用户输入的返回值，字符串类型。input()函数会等待用户输入数据，并在用户按下 Enter 键后将输入的内容赋值给 data。

例 2.10  查看数据类型的示例代码如下所示。

```
#通过 input()函数输入学生的学号
id = input('请输入您的学号: ')
#打印 input()函数接收到的学生学号
print('学生学号: ',id)
#打印学生学号的数据类型
print(type(id))              #输出: <class 'str'>
```

可以看出，id 的数据类型为字符串类型 str。

## 2.4.2  数据的输出

print()函数负责将数据输出到控制台，它能够处理并展示数字、文本、列表等多种类型的数据，语法格式如下所示。

```
print(* objects, sep=' ',end='\n',file=sys.stdout)
```

语法格式说明如下所示。

- objects：可输出多个对象，对象之间需要用逗号进行分隔。
- sep：用于指定输出的多个对象之间的分隔符，默认使用空格。
- end：用于指定输出内容的结尾符号，默认使用换行符。
- file：表示数据输出的文件对象。

例 2.11  打印数据的示例代码如下所示。

```
#objects: 输出多个对象,对象之间使用逗号分隔;
print('hello','world')
#sep: 多个对象之间的分隔符,默认使用空格;
print('hello','world',sep='/')
#end: 输出内容的结尾符号,默认使用换行符;
print('hello',end=',')               #结束符设置为逗号
print('world')                       #结束符默认为换行符
```

运行结果如下所示。

```
hello world
hello/world
hello,world
```

视频讲解

## 【任务实现】

**1. 分析代码**

首先,需要通过 input()函数来获取用户提供的个人信息,包括名字、职位、公司名称、公司地址、电话和邮箱等,并将这些信息分别赋值给相应的变量。接着,通过 time.sleep()函数加入模拟名片制作等待的环节。最后,通过 print()函数来展示最终的名片效果,如图 2.3 所示。

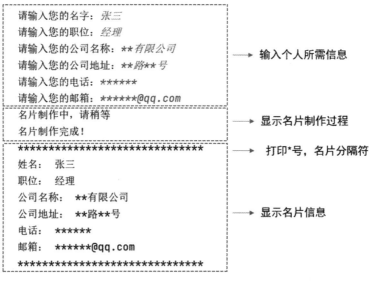

图 2.3  功能设计

**2. 编写代码**

(1) 启动 PyCharm,选择菜单 File→New Project,指定项目位置为 D:\ chapter02。

(2) 右击项目文件夹 chapter02,在弹出的快捷菜单中选择 New→Python File,新建 Python file 文件 card.py,在代码编辑窗口中输入如下代码。

```
#1. 输入个人所需信息
name =input('请输入您的名字: ')
position =input('请输入您的职位: ')
company =input('请输入您的公司名称: ')
address =input('请输入您的公司地址: ')
phone =input('请输入您的电话: ')
mail =input('请输入您的邮箱: ')
#2. 显示名片制作过程
import time                        #导入 time 模块
print('名片制作中,请稍等')time.sleep(3)    #等待 3 秒
print('名片制作完成!')
#3. 显示名片信息
print('*'* 30)                     #打印一行分隔符
print('姓名: ',name)
```

```
print('职位: ',position)
print('公司名称: ',company)
print('公司地址: ',address)
print('电话: ',phone)
print('邮箱: ',mail)
print('*'*30)
```

（3）测试源代码，按快捷键 Ctrl＋Shift＋F10 运行当前程序。

## 【任务总结】

通过本任务的学习，读者可以掌握 Python 编程中的代码格式、标识符和关键字、变量的定义、数据的输入和输出等内容。在 Python 编程过程中需注意以下几点。

- 在 Python 代码中，通常使用 4 个空格作为一个缩进层次。一般而言，if 分支语句、for 和 while 循环语句、def 函数定义、class 类定义等语句需要使用缩进来表示代码之间的逻辑关系。
- 在 Python 代码中的标识符必须以字母或下画线开头，后面可以跟任意数量的字母、数字或下画线，标识符是严格区分大小写字符的。标识符的命名除了要遵循命名规则以外，一般还应遵循见名知义、大驼峰、小驼峰、下画线等命名习惯，保证代码中标识符命名风格一致，使代码易于阅读和维护。
- Python 是动态类型语言，在 Python 中不需要显式地声明变量及其类型，可以直接在赋值时声明变量，所赋数值的数据类型即为变量的数据类型。需要注意的是，虽然 Python 不要求显式地声明变量，但是如果代码中直接使用了未定义或初始化的变量，程序仍将会报错，显示类似"NameError：name is not defined"的错误提示。

## 【巩固练习】

一、单选题

1. Python 单行注释使用的符号是（　　　）。
   A. ∥                                   B. /＊
   C. ＃                                   D. <! ＿＿ ＿＿>
2. Python 语言中，一行代码一般不超过（　　　）个字符。
   A. 77              B. 78              C. 79              D. 81
3. 用来确定 Python 代码之间的逻辑关系或层次关系的是（　　　）。
   A. 换行            B. 缩进            C. 注释            D. ()
4. 在 Python 3 中，一共有（　　　）个关键字。
   A. 32              B. 33              C. 34              D. 35

二、多选题

1. Python 的多行注释使用的符号包括(　　　)。

    A. 三对双引号　　　　B. 三对单引号　　　　C. 两对双引号　　　　D. 两对单引号

2. Python 的关键字中内置常量包括(　　　)。

    A. True　　　　　　　B. None　　　　　　　C. False　　　　　　　D. for

3. 如果想实现人机交互的功能,需要使用的函数包括(　　　)。

    A. input()　　　　　　B. print()　　　　　　C. int()　　　　　　　D. float()

三、判断题

1. Python 的单行注释可以独占一行。　　　　　　　　　　　　　　　　　　　(　　)

2. 标识符不能使用 Python 中的关键字。　　　　　　　　　　　　　　　　　(　　)

3. 标识符可以以数字开头。　　　　　　　　　　　　　　　　　　　　　　　(　　)

4. 标识符严格区分大小写。　　　　　　　　　　　　　　　　　　　　　　　(　　)

5. 程序在执行过程中,会将用到的临时数据保存到计算机的内存单元中。　　(　　)

6. 变量一旦被赋值,就不能再修改。　　　　　　　　　　　　　　　　　　　(　　)

7. 除了赋值单个数据,也可以将表达式的运行结果赋值给变量。　　　　　　(　　)

8. input()函数返回的数据类型是字符串类型。　　　　　　　　　　　　　　(　　)

9. print()函数可以一次输出多个对象,对象之间使用空格分隔。　　　　　　(　　)

10. print()函数中 end 表示结束符,默认是换行符。　　　　　　　　　　　(　　)

11. print()函数可以向控制台输出任何数据类型的数据。　　　　　　　　　(　　)

四、编程题

1. 编写程序,首先要求用户输入自己的名字,然后打印包含该名字的问候语句。

2. 编写程序,分别输入两个数字并求和,最后打印输入的数字及求和的结果。

3. 编写程序,分别输入长方形的长和宽,求出长方形的周长和面积,最后打印长方形的长、宽、周长和面积。

4. 编写程序,输入圆的半径,求出圆的直径、周长和面积,最后打印圆的半径、直径、周长和面积。

## 【任务拓展】

1. 编写程序,通过输入学生的姓名、学期、表现等级,打印出学生奖状,显示效果如图 2.4 所示。

2. 编写程序,通过输入学生姓名、学号、专业、系部、课程名称、成绩等信息,打印出学生某门课程的成绩单,显示效果如图 2.5 所示,具体要求如下。

(1) 第 1、2 行显示学校名称和课程成绩单的标题。

(2) 第 3、4 行显示姓名、学号、专业、系部的信息。

(3) 第 5 行显示课程名称和成绩。

```
--------------------------
        奖状

学生姓名：王红
学期：2024年第学期
表现等级：优秀

该生在本学期表现优秀，特此颁发奖状以资鼓励。

希望该生继续努力，取得更好的成绩！

颁发日期：2024年6月30日
--------------------------
```

图2.4 打印学生奖状

```
*******************************
            xx大学
          课程成绩单
姓名：  张三      学号：  2022xxxx
专业：  人工智能技术    系部：  信息工程系
课程名称：人工智能基础    成绩：  90
*******************************
```

图2.5 打印成绩单

# 任务 2　传统长度单位转换

## 【任务提出】

运用 PyCharm 开发工具编写 Python 程序，实现传统长度单位转换的功能。国际标准的长度单位包括毫米、厘米、分米、米、千米等，而国内很多场合下还习惯使用里、公里、丈、尺等长度单位，不同的长度单位之间可以按照规则进行换算，效果如图 2.6 所示。

```
******传统长度单位转换器******
请输入需要转换的长度（单位米）：500
**********转换中**********
**********转换成功**********
500.0 米相当于 1.0 里
500.0 米相当于 0.5 公里
500.0 米相当于 150.0 丈
500.0 米相当于 1500.0 尺
```

图2.6 传统长度单位转换

## 【任务分析】

本任务主要实现长度单位米、里、公里、丈、尺之间的转换，因此需要了解各个单位之间的换算关系。另外，由于通过 input() 函数输入的数据为字符类型，需要转换成数值类型，才可以进行换算。具体的任务实施分析如下所示。

1. 创建 Python 程序 change.py。

2. 通过 input() 函数输入需要转换的长度值，并转换成数值类型。

3. 根据单位换算关系，将输入的长度分别转换为相应的里、公里、丈、尺。

4. 通过 print() 函数显示转换结果。

5. 运行测试程序，检验转换结果是否正确。

视频讲解

## 2.5 数字类型

Python中的4种数字类型包括整数类型、浮点类型、复数类型和布尔类型。

### 2.5.1 整数类型

用来表示整数的数字类别被称作整数类型,简称整型(int)。整数可以采用多种计数方式加以表示,其中最为常见的有二进制、八进制、十进制以及十六进制,如表2.2所示。

表2.2 常用的计数方式

| 计数方式 | 数字开头 | 示 例 | 进制转换函数 | 函数说明 |
| --- | --- | --- | --- | --- |
| 二进制 | "0B"或"0b" | 0b11 | bin(x) | 将x转换为二进制 |
| 八进制 | "0O"或"0o" | 0o3 | oct(x) | 将x转换为八进制 |
| 十进制 | "0D"或"0d" | 0d3 | int(x) | 将x转换为十进制 |
| 十六进制 | "0X"或"0x" | 0x3 | hex(x) | 将x转换为十六进制 |

例2.12 十进制转二进制的示例代码如下所示。

```
number = 10          # 整数类型
print(bin(number))   # 输出: 0b1010
```

上述代码中,定义了一个变量number,并赋值为整数10,利用Python内置的进制转换函数bin(),将10转换成二进制数0b1010。

### 2.5.2 浮点类型

用以刻画实数的数字类别被称为浮点类型(float),浮点型数值由整数部分、小数点以及小数部分共同构成,在处理需要高精度的数学运算和数据分析时经常用到。

例2.13 浮点型数值定义的示例代码如下所示。

```
number = 3.14        # 浮点型
print(number)        # 输出: 3.14
```

为了更方便地表示极大或极小的浮点数,可以使用科学记数法,格式通常是使用"e"或"E"代表底数10,后跟一个整数表示指数,例如,数字2.3e4表示2.3乘以10的4次方,即23000。这种表示方式不仅简化了数字的书写,还提高了计算精度和效率。浮点类型科学记数法如表2.3所示。

在Python中,浮点类型数据的取值范围被严格界定在$-1.8e308 \sim 1.8e308$。当尝试存储超出这一范围的值时,Python会将这些值视作无穷大(inf)或无穷小($-inf$)。

表 2.3  浮点类型科学记数法

| 浮 点 类 型 | 科学记数法 | 浮 点 类 型 | 科学记数法 |
| --- | --- | --- | --- |
| 31400.0 | 3.14e4 | 2800 | 2.8E3 |
| 0.00001 | 1e−5 | 0.00036 | 3.6E−4 |

### 2.5.3  复数类型

复数类型用于表示数学中的复数,复数类型由实部和虚部构成,它的一般表示形式为real+imagj,其中,real 为实部,imag 为虚部,real 和 imag 都为浮点型,j 为虚部单位。

例 2.14  获取复数类型的实部和虚部,示例代码如下所示。

```
number =3 +4j          #复数类型
print(number.real)     #输出: 3.0
print(number.imag)     #输出: 4.0
```

上述代码中,定义了一个变量 number,并将复数 3＋4j 赋值给变量 number,通过 number.real 和 number.imag 可以获取 number 的实部和虚部,通过 print()函数进行打印,可以看出 number 的实部和虚部都是浮点型。

### 2.5.4  布尔类型

布尔类型(简称 bool)有两个值:True 和 False,True 表示为真,False 表示为假。在算术运算中,布尔类型的值也可以被当作整数值使用,True、False 分别对应整数 1、0。在处理布尔类型数据时,需要特别注意 True 和 False 的首字母必须大写。

例 2.15  使用布尔类型的示例代码如下所示。

```
number =True           #定义布尔类型
print(number)          #输出: True
print(number +number)  #输出: 2
```

在 Python 的逻辑运算中,布尔值为 False 的数据包括 None、False、任何数字类型的 0、任何空序列和空字典。

### 2.5.5  查看数字类型

可以通过 type()函数查看变量的数字类型。

例 2.16  查看数据类型的示例代码如下所示。

```
number1 =3 +4j         #复数类型
number2 =True          #布尔类型
#通过 type()函数查看变量的数字类型
print(type(number1))   #输出: <class 'complex'>
print(type(number2))   #输出: <class 'bool'>
```

视频讲解

## 2.6 常量

相对于变量而言,常量指的是那些一旦定义数值之后就不可更改的量。然而,Python并没有专门的语法来强制定义常量。实际上,常量的定义方式与变量是相同的,为了明确区分常量和变量,习惯将常量的命名规则设定为全部使用大写字母。

例 2.17 使用常量的示例代码如下所示。

```
#常量名使用全大写
PI = 3.14            #圆周率
C = 3.00e8           #物理常量光速
```

常见的圆周率、光速等是一个确定的值,一般使用常量表示。

## 2.7 数字类型转换

Python 提供了内置的函数来实现数字类型之间的强制转换,包括 int( )、float( )、complex( )和 bool( )等,它们分别用于将目标数据转换为整型、浮点型、复数型和布尔型数据。

需要注意的是,当将浮点型数据转换为整型数据时,仅会保留其整数部分,小数部分将被舍去。数字类型转换函数及其功能说明如表 2.4 所示。

表 2.4 数字类型转换函数及其功能说明

| 函　　数 | 功　能　说　明 |
| --- | --- |
| int(x, base=10) | 将数字 x 转换为一个十进制整数;<br>或者将字符串 x 按照 base 进制的数,转换成十进制的数 |
| float(x) | 将 x 转换成一个浮点型数据 |
| complex(x) | 将 x 转换成一个复数类型数据 |
| bool(x) | 将 x 转换成一个布尔类型数据 |

例 2.18 数字类型转换的示例代码如下所示。

```
print(int(3.14))          #将传入参数转换为整型,结果为 3
print(float(4))           #将传入参数转换为浮点型,结果为 4.0
print(complex(2.3))       #传入浮点型数据,结果为(2.3+0j)
print(bool(2+3j))         #结果为 True
```

## 【任务实现】

视频讲解

### 1. 分析代码

首先,需要通过 input( )函数来获取转换的长度值,并运用 float( )函数将其转换为浮点类型。在这里,将转换前的长度单位设定为米。接着,通过 time.sleep( )函数加入模拟转换等待的环节。再根据换算公式,依次将长度转换成里、公里、丈、尺等,并存入不同的变量中。最后,通过 print()函数来展示最终的转换结果,如图 2.7 所示。

```
******传统长度单位转换器******
请输入需要转换的长度(单位米):500        ───→ 输入转换长度

**********转换中***********
**********转换成功***********                ───→ 显示转换过程

500.0 米相当于 1.0 里
500.0 米相当于 0.5 公里
500.0 米相当于 150.0 丈                      ───→ 显示转换结果
500.0 米相当于 1500.0 尺
```

图 2.7 功能设计

**2. 编写代码**

(1) 启动 PyCharm,右键单击项目文件夹 chapter02,在弹出的快捷菜单中选择 New→Python file,新建 Python 文件 change.py。

(2) 在 change.py 的代码编辑窗口中输入如下代码。

```python
#1 输入转换长度
print('******传统长度单位转换器******')
#这里考虑到输入的长度数据类型是字符串,并且可能带小数,
#所以需要转换为浮点型才能进行计算
change =float(input('请输入需要转换的长度(单位米):'))
#2 显示转换过程,根据里、公里、丈、尺与米之间的单位转换公式,
#将输入的长度进行转换
print('**********转换中***********')
import time                          #导入 time 模块
mile =change / 500                   #里,1 里=500 米
kilometer =mile / 2                  #公里,1 公里=2 里
feet =mile * 150                     #丈,150 丈=1 里
rule =feet * 10                      #尺,10 尺=1 丈
time.sleep(3)                        #等待 3 秒
print('**********转换成功***********')
#3 显示转换结果
print(change,'米相当于',mile,'里')
print(change,'米相当于',kilometer,'公里')
print(change,'米相当于',feet,'丈')
print(change,'米相当于',rule,'尺')
```

(3) 测试源代码,按快捷键 Ctrl+Shift+F10 运行当前程序,输入长度值为 500,转换结果如图 2.6 所示。

## 【任务总结】

通过本任务的学习,读者可以深入理解数字类型的特点、如何定义常量,以及如何运用内置的 int()、float()、complex()和 bool()函数在整数、浮点数、复数和布尔值之间进行转

换。在编程过程中,需注意以下几点。

- Python 的数字类型包括用于表示正整数、负整数和零的整数类型;用于表示带有小数点的实数的浮点类型;用于表示包含实部和虚部的复数类型;只有 True 和 False 两个取值,通常用于逻辑运算和条件判断的布尔类型。
- Python 中一般使用全部大写的标识符来表示常量,常量一旦定义,其值就不应再被修改。
- 在进行数字类型转换时,可能会发生数据丢失或精度变化的情况。例如,将浮点数转换为整数时,小数部分会被舍去;将大整数转换为浮点数时,可能会丧失部分精度。

## 【巩固练习】

一、单选题

1. 进制转换函数中将十进制转换为二进制的函数是(　　　)。

　　A. bin()　　　　　　B. oct()　　　　　　C. int()　　　　　　D. hex()

2. 复数类型由实部和虚部构成,虚部的单位为(　　　)。

　　A. i　　　　　　　　B. j　　　　　　　　C. l　　　　　　　　D. a

3. Python 中的变量的数字类型可以通过(　　　)函数查看。

　　A. int()　　　　　　B. bool()　　　　　　C. type()　　　　　　D. print()

二、多选题

1. 整数类型常用的计数方式有(　　　)。

　　A. 二进制　　　　　B. 八进制　　　　　C. 十进制　　　　　D. 十六进制

2. 布尔类型数据的取值为(　　　)。

　　A. True　　　　　　B. true　　　　　　C. False　　　　　　D. false

3. 浮点型由(　　　)部分组成。

　　A. 整数　　　　　　B. 小数点　　　　　C. 小数　　　　　　D. 逗号

三、判断题

1. 复数类型的实部和虚部都为浮点型。　　　　　　　　　　　　　　　　　　(　　　)

2. 浮点型的取值范围为−1.8e308～1.8e308,若超出范围,Python 会将值视为无穷大(inf)或无穷小(−inf)。　　　　　　　　　　　　　　　　　　　　　　　　　　　(　　　)

3. 常量是不可更改的量,常量名可以小写也可以大写。　　　　　　　　　　　(　　　)

4. float(x)可以将数字 x 转换成复数类型数据。　　　　　　　　　　　　　　(　　　)

5. int(x)可以将数字 x 转换为十进制整数。　　　　　　　　　　　　　　　　(　　　)

6. 浮点型数据转换为整型数据后只保留整数部分。　　　　　　　　　　　　　(　　　)

7. bool(x)可以将数字 x 转换为布尔类型的数据 true 或 false。　　　　　　　(　　　)

四、编程题

1. 编写程序,当输入参数为空、零、None、False、空字符串时,观察 bool()函数返回的布尔值。

2. 编写程序,输入两点的坐标(a1,b1)和(a2,b2),计算两点之间的欧几里得距离。

## 【任务拓展】

1. 编写程序，实现一个温度转换器的任务，效果如图 2.8 所示。具体要求如下所示。

```
*********摄氏温度转华氏温度**********
请输入摄氏温度：36
***********计算中**************
***********转换完成************
您输入的摄氏温度：  36.0 转换为华氏温度：  96.8
*********华氏温度转摄氏温度**********
请输入华氏温度：99
***********计算中**************
***********转换完成************
您输入的华氏温度：  99.0 转换为摄氏温度：  37.22222222222222
```

图 2.8  温度转换器

（1）输入摄氏温度，根据公式：华氏度＝摄氏度×9/5＋32，将摄氏温度转换为华氏温度；

（2）输入华氏温度，根据公式：摄氏度＝（华氏度－32）×5/9，将华氏温度转换为摄氏温度；

（3）将转换后的结果进行打印。

2. 编写程序，设计一个三角函数计算器，效果如图 2.9 所示。具体要求如下所示。

```
********三角函数计算器**********
请输入您要计算的角度：90
************计算中**************
************计算完成************
您输入的角度：  90.0 转换为弧度：  1.57
正弦值：  1.0 余弦值：  0.0
```

图 2.9  三角函数计算器

（1）将用户输入角度数据转换为数字类型；

（2）三角函数的输入值是弧度，根据转换公式：弧度＝角度×PI/180，将角度转换为弧度；

（3）通过得出的弧度，计算正弦值和余弦值，并进行显式输出。

# 任务 3  比较正方形和圆的面积、周长大小

## 【任务提出】

正方形的面积计算公式是边长的平方，而周长则是边长的四倍；圆的面积计算公式是 π 乘以半径的平方，周长则是 2π 乘以半径。现在，提出两个有趣的问题来探讨：

1. 当正方形和圆的周长相等时,谁的面积更大?

2. 当正方形和圆的面积相等时,谁的周长更长?

运用 PyCharm 开发工具编写 Python 程序,计算并比较正方形和圆的面积、周长之间的大小关系,如图 2.10 所示。

【任务分析】

本任务主要是比较正方形和圆的面积以及周长之间的大小关系,通过算术运算符计算周长和面积,赋值运算符将相应的数值赋值给变量,通过比较运算符比较周长或面积的大小,具体的任务实施分析如下所示。

1. 创建 Python 程序 compare.py。

2. 计算周长相等的正方形和圆的面积。

3. 计算面积相等的正方形和圆的周长。

4. 比较面积和周长之间的大小关系并显示比较结果。

5. 运行测试程序,检查转换结果是否正确。

```
周长为1的正方形面积为: 0.0625
周长为1的圆面积为: 0.0796
**********************************
面积为1的正方形周长为: 4.0
面积为1的圆周长为: 3.5449
**********************************
周长为1的正方形面积小于圆面积: True
面积为1的正方形周长大于圆周长: True
```

图 2.10　比较正方形和圆的
面积、周长大小

【知识准备】

运算符是用于表示不同运算类型的符号。根据运算符所操作数值的数量,可以将其分为单目运算符和双目运算符。从功能角度来看,运算符则可分为算术运算符、赋值运算符、比较运算符、逻辑运算符、成员运算符、身份运算符、位运算符等。

视频讲解

## 2.8　算术运算符

### 2.8.1　算术运算符及其功能

Python 中的算术运算符包括＋(加号)、－(减号)、＊(乘号)、/(除号)、//(整除)、%(取余)和＊＊(求幂),对应加、减、乘、除、求商、求余数以及求幂等常见的数学运算。算术运算符及其功能如表 2.5 所示。

表 2.5　算术运算符及其功能

| 运　算　符 | 功　　　能 |
| --- | --- |
| ＋ | 使加号左右两边的操作数相加,得到相加的结果 |
| － | 减号左边的操作数减去右边的操作数,得到相减的结果 |
| ＊ | 使乘号左右两边的操作数相乘,得到相乘的结果 |
| / | 除号左边的操作数除以右边的操作数,得到相除的结果 |
| // | 整除左边的操作数除以右边的操作数,得到相除的结果的整数部分 |

续表

| 运 算 符 | 功 能 |
|---|---|
| % | 使取余左右两边的操作数相除,得到相除结果的余数 |
| ** | 使两个操作数进行求幂,得到求幂之后的结果 |

**例2.19** 运用算术运算符的示例代码如下所示。

```
a = 3                    #整型
b = 4                    #整型
print(a / b)             #输出: 0.75
print(a // b)            #输出: 0
print(a % b)             #输出: 3
print(a ** b)            #输出: 81
```

### 2.8.2 临时类型转换

在Python中,当不同的数字类型参与混合算术运算时,会自动进行临时类型转换,转换规则如下。

- 如果整型与浮点型共同参与运算,为了保持运算的精度,Python会临时将整型数值转换为浮点型。
- 当其他数字类型(如整型或浮点型)与复数进行混合运算时,为了支持复数的运算规则,Python会将这些数字类型临时转换为复数类型。

**例2.20** 临时类型转换的示例代码如下所示。

```
b = 4
c = 2.0
d = 1 + 2j               #复数类型
print(b/c)               #输出: 2.0,将b临时转换为4.0
print(c-d)               #输出: (1-2j),将c临时转换为2.0+0j
```

上述代码中,在计算b除以c时,会将b临时转换为浮点型数字4.0,计算结果也是浮点型;在计算c−d的过程中,会将c临时转换为复数类型2.0+0j,计算结果也是复数类型。

## 2.9 赋值运算符

### 2.9.1 赋值运算符及其功能

赋值运算符"="用于为变量赋予初值或更新变量的值。

**例2.21** 运用赋值运算符的示例代码如下所示。

```
a = 1 + 1
```

以上代码将1+1的结果通过赋值运算符赋值给变量a。

赋值运算符允许同时为多个变量进行赋值,包括同时为多个变量赋相同的值和同时为

视频讲解

多个变量赋不同的值两种情况。

　　例 2.22　同时为多个变量赋相同的值,示例代码如下所示。

```
a =b =c =2
```

以上代码将整数 2 同时赋值给变量 a、b、c。

　　例 2.23　同时为多个变量赋不同的值,示例代码如下所示。

```
a, b, c =1, 2,'hello'
```

以上代码将整数 1、2 和字符串'hello'分别赋值给变量 a、b、c。

### 2.9.2　复合赋值运算符

　　算术运算符和赋值运算符“＝”可以组合成复合赋值运算符,这种组合使得复合赋值运算符兼具赋值和算术运算的功能,可以在一个表达式中同时完成计算和赋值操作。

　　复合赋值运算符及其功能与示例如表 2.6 所示。

表 2.6　复合赋值运算符及其功能与示例

| 运 算 符 | 功　　　能 | 示　　　例 |
|---|---|---|
| ＋＝ | 将左值加上右值的和赋给左值 | a＋＝b,等价于 a＝a＋b |
| －＝ | 将左值减去右值的差赋给左值 | a－＝b,等价于 a＝a－b |
| ＊＝ | 将左值乘以右值的积赋给左值 | a＊＝b,等价于 a＝a＊b |
| /＝ | 将左值除以右值的商赋给左值 | a/＝b,等价于 a＝a/b |
| //＝ | 将左值整除右值的商的整数部分赋给左值 | a//＝b,等价于 a＝a//b |
| %＝ | 将左值除以右值的余数赋给左值 | a%＝b,等价于 a＝a%b |
| ＊＊＝ | 将左值的右值次幂的结果赋给左值 | a＊＊＝b,等价于 a＝a＊＊b |

　　例 2.24　运用复合赋值运算符,示例代码如下所示。

```
a, b =4, 2
a -=b          #相当于 a=a-b
print(a)       #输出: 2
a *=b          #相当于 a=a* b
print(a)       #输出: 4
a //=b         #相当于 a=a//b
print(a)       #输出: 2
```

### 2.9.3　海象运算符

　　从 Python 3.8 版本开始,引入了海象运算符“: ＝”,用于在表达式的内部为变量进行赋值。

**例 2.25** 运用海象运算符,示例代码如下所示。

```
number1 =1              #整数
sum =number1 +(number2:=2)
print(sum)              #输出: 3
```

上述代码中,海象运算符放在表达式的内部,在括号内为变量 number2 赋值为 2,无须事先声明变量。

## 2.10 比较运算符

比较运算符又称关系运算符,用于比较两个数据,判断数据之间的关系。比较运算符包括等于(==)、不等于(!=)、大于(>)、小于(<)、大于或等于(>=)和小于或等于(<=)等。这些运算符可以用于比较数字、字符串、列表等数据类型。

比较运算符的运算结果是一个布尔值,即 True 或 False,表示比较的结果是真还是假。比较运算符及其功能如表 2.7 所示。

表 2.7 比较运算符及其功能

| 运算符 | 功 能 |
|---|---|
| == | 比较运算符两边的操作数的值是否相等,如果相等返回 True,否则返回 False |
| != | 比较运算符两边的操作数的值是否相等,如果不相等返回 True,否则返回 False |
| > | 比较运算符的左操作数是否大于右操作数,如果大于返回 True,否则返回 False |
| < | 比较运算符的左操作数是否小于右操作数,如果小于返回 True,否则返回 False |
| >= | 比较运算符的左操作数是否大于或等于右操作数,如果大于或等于返回 True,否则返回 False |
| <= | 比较运算符的左操作数是否小于或等于右操作数,如果小于或等于返回 True,否则返回 False |

**例 2.26** 运用比较运算符的示例代码如下所示。

```
#数值数据比较
a, b =2, 3              #整数
print(a==b)             #输出: False
print(a>b)              #输出: False
#字符串数据比较
c, d ='hello','world'   #字符串
print(c!=d)             #输出: True
```

初学者非常容易混淆赋值运算符"="和比较运算符"==",经常错把赋值运算符"="当作比较运算符"=="来用,从而导致出现语法错误。

**例 2.27** 赋值与比较运算的区别,示例代码如下所示。

```
a =2                    #赋值
if a ==2:               #比较运算
    print('ok')
```

上述代码中,如果将 if 后面的条件 a==2 改成 a=2,运行程序时会出现如下语法错误提示。

```
SyntaxError: invalid syntax
```

## 2.11　逻辑运算符

在 Python 中,可以通过使用 and、or 和 not 这三个逻辑运算符来实现"与"、"或"和"非"的逻辑运算功能。其中,and 和 or 是双目运算符,而 not 则是单目运算符,其运算结果是一个布尔值。逻辑运算符的表达式与功能如表 2.8 所示。

表 2.8　逻辑运算符的表达式与功能

| 运 算 符 | 逻辑表达式 | 功 能 |
| --- | --- | --- |
| and | x and y | 若 x、y 均为 True,则结果为 True,否则结果为 False |
| or | x or y | 若 x、y 均为 False,则结果为 False,否则结果为 True |
| not | not x | 若 x 为 True,则结果为 False,否则结果为 True |

例 2.28　运用逻辑运算符,示例代码如下所示。

```
a, b, c = 3, 4, 5
print((a >b) and (b <c))        #输出: False
print((a >b) or (b <c))         #输出: True
print(not (b >c))               #输出: True
```

## 2.12　成员运算符

在 Python 中,in 和 not in 运算符被统称为成员运算符,主要用于判断某个特定元素是否存在于某个序列中,这个序列可以是字符串、列表、元组等多种数据类型。成员运算符及其功能如表 2.9 所示。

表 2.9　成员运算符及其功能

| 运 算 符 | 功 能 |
| --- | --- |
| in | 如果给定元素在序列中,返回 True,否则返回 False |
| not in | 如果给定元素不在序列中,返回 True,否则返回 False |

例 2.29　运用成员运算符,示例代码如下所示。

```
print('a' in 'abcd')        #输出: True
print('a' not in 'abcd')    #输出: False
```

## 2.13　身份运算符

Python 中的身份运算符主要用于比较两个对象的内存地址是否相同,即它们是否引用同一个对象。身份运算符及其功能如表 2.10 所示。

表 2.10 身份运算符及其功能

| 运 算 符 | 功 能 |
|---|---|
| is | 如果两个操作数引用同一个对象,返回 True;否则返回 False |
| is not | 如果两个操作数不引用同一个对象,返回 True;否则返回 False |

**例 2.30** 运用身份运算符,示例代码如下所示。

```
a, b =10, 'name'
c =a
print(a is b)          #输出: False
print(c is not b)      #输出: True
```

## 2.14 位运算符

Python 支持多种位运算符,这些运算符直接对整数类型的二进制表示进行操作,位运算符及其功能如表 2.11 所示。

表 2.11 位运算符及其功能

| 运 算 符 | 功 能 |
|---|---|
| & | 按位与,如果两个相应的二进制位都为 1,则该位的结果值为 1,否则为 0 |
| \| | 按位或,如果两个相应的二进制位中至少有一个为 1,则该位的结果值为 1,否则为 0 |
| ^ | 按位异或,如果两个相应的二进制位相同,则该位的结果值为 0,否则为 1 |
| ~ | 按位取反,如果二进制位为 1,则结果为 0,否则为 1 |
| << | 按位左移,将数字的二进制表示向左移动指定的位数,右边用零填充 |
| >> | 按位右移,将数字的二进制表示向右移动指定的位数,左边用零填充(对于无符号整数)或用符号位填充(对于有符号整数) |

**例 2.31** 运用位运算符,示例代码如下所示。

```
a, b =60, 13       #60 =0011 1100, 13 =0000 1101
c =a & b           #12 =0000 1100
d =~a              #-61 =1100 0011
e =a <<2           #240 =1111 0000
f =a >>2           #15 =0000 1111
print(c,d,e,f)     #输出: 12 -61 240 15
```

## 2.15 运算符优先级

在 Python 中,运算符的优先级决定了表达式中操作的执行顺序。运算符的优先级从高到低如表 2.12 从上到下所示。

表 2.12　运算符优先级

| 运　　算　　符 | 描　　述 |
|---|---|
| () | 括号内的表达式会优先执行 |
| ＋x、－x、~x | 正号、负号和按位取反 |
| ** | 求幂 |
| *、@、/、%、// | 乘、矩阵乘法、除、取余、整除 |
| +、－ | 加、减 |
| >>、<< | 按位右移、按位左移 |
| & | 按位与 |
| ^、\| | 按位异或、按位或 |
| ==、!=、>、<、>=、<= | 比较运算符 |
| is、is not | 身份运算符 |
| in、not in | 成员运算符 |
| not、and、or | 逻辑运算符 |
| =、+=、-= | 赋值运算符 |

当表达式包含多个具有相同优先级的运算符时,它们的求值顺序通常是从左到右(除了指数运算符 **、赋值运算符是从右到左)。在复杂的表达式中,可以优先使用括号来明确指定运算顺序。

例 2.32　多种运算符混合运算的示例代码如下所示。

```
a , b =10 , 20
result =a <b and (a +b) >25       #先计算括号内的加法,然后比较运算,再逻辑运算
print(result)                     #输出:True
```

## 【任务实现】

视频讲解

**1. 分析代码**

由于涉及数学公式计算,需要先导入 math 模块中的函数。在计算过程中,先假设两者的周长均为 1,通过数学公式求出正方形的边长和圆的半径,进而计算出各自的面积。再假设两者的面积均为 1,通过数学公式求出正方形的边长和圆的半径,然后计算出各自的周长。接下来,对这两组数据进行比较,并将比较结果打印出来,如图 2.11 所示。

**2. 编写代码**

(1) 启动 PyCharm,右键单击项目文件夹 chapter02,在弹出的快捷菜单中选择 New→Python file,新建 Python 文件 compare.py。

(2) 在 compare.py 的代码编辑窗口中输入如下代码。

```
周长为1的正方形面积为:  0.0625         计算周长相等的正方
周长为1的圆面积为:  0.0796            形和圆的面积
**********************************
面积为1的正方形周长为:  4.0           计算面积相等的正方
面积为1的圆周长为:  3.5449            形和圆的周长
**********************************
周长为1的正方形面积小于圆面积:  True    比较面积和周长的大小
面积为1的正方形周长大于圆周长:  True
```

图 2.11 功能设计

```python
#1. 计算周长相等的正方形和圆的面积
from math import pi                      # 导入 pi
#首先假设正方形和圆的周长都是 1
perimeter =1
side_length =perimeter/4                 #正方形的边长
area_square =side_length ** 2            #正方形的面积=边长^2
#根据周长=2πr,得到圆的半径 r=周长/2π
radius =perimeter/(2 * pi)               #圆的半径
#圆的面积=πr^2,此处保留 4 位小数
area_circle =round(pi * radius ** 2,4)
#2. 计算面积相等的正方形和圆的周长
from math import sqrt                     # 导入平方根函数
#首先假设正方形和圆的面积都是 1
area =1
side_length =sqrt(area)                   #正方形的边长
perimeter_square =side_length * 4         #正方形的周长=边长 * 4
#根据圆的面积=πr^2,得到圆的半径 r=sqrt(面积/π)
radius =sqrt(area/pi)                     #圆的半径
#圆的周长=2πr,此处保留 4 位小数
perimeter_circle =round(2 * pi * radius,4)
#3. 输出正方形和圆的面积和周长,并比较大小
print('周长为 1 的正方形面积为: ',area_square)
print('周长为 1 的圆面积为: ',area_circle)
print(' * ' * 30)
print('面积为 1 的正方形周长为: ',perimeter_square)
print('面积为 1 的圆周长为: ',perimeter_circle)
print(' * ' * 30)
print('周长为 1 的正方形面积小于圆面积:',area_square<area_circle)
print('面积为 1 的正方形周长大于圆周长:',perimeter_square>perimeter_circle)
```

(3) 测试源代码,按快捷键 Ctrl+Shift+F10 运行当前程序。

## 【任务总结】

通过本任务的学习,读者可以掌握 Python 中的算术运算符、赋值运算符、比较运算符、逻辑运算符、成员运算符、身份运算符、位运算符的使用方法以及运算符优先级。在使用运

算符时,需注意以下几点。

- 算术运算符在 Python 2 中会向下取整,但是在 Python 3 中会有小数,如果需要向下取整,应使用运算符//。
- 赋值运算符和算术运算符组合成复合赋值运算符,可以在一个表达式中同时完成计算和赋值操作。
- 比较运算符中的等于是用运算符==,需要区别于赋值运算符=,以免出现语法错误。
- 逻辑运算符 not 只有在 3 种情况下返回值为 True,例如,对于 not x,如果 x 是 0、None、空字符串则返回 True,否则返回 False。
- 成员运算符 in 和 not in 用于判断某个元素是否存在于某个变量中,返回布尔值。
- 身份运算符比较的是对象的身份(即内存地址),而不是它们的值。这与比较运算符==和!=不同,后者比较的是对象的值。
- 位运算符是把数字看作二进制来按位进行计算的,在按位右移时注意零填充或符号位填充。
- 表达式在运算时严格按照运算符优先级顺序进行计算,在复杂的表达式中,优先使用()来指定运算顺序。

# 【巩固练习】

一、单选题

1. 在 Python 中,除号相除的结果数据类型是(　　)。
   A. 整型　　　　　　B. 浮点型　　　　　C. 复数类型　　　　D. 布尔类型

2. 整型与浮点型进行混合运算时,Python 将整型转换为(　　)。
   A. 整型　　　　　　B. 浮点型　　　　　C. 复数类型　　　　D. 布尔类型

3. 其他数字类型与复数进行混合运算时,Python 将其他类型转换为(　　)。
   A. 整型　　　　　　B. 浮点型　　　　　C. 复数类型　　　　D. 布尔类型

4. 运算符"="是(　　)。
   A. 赋值运算符　　　B. 比较运算符　　　C. 逻辑运算符　　　D. 成员运算符

二、多选题

1. 比较运算符包括(　　)。
   A. ==　　　　　　　B. !=　　　　　　　C. >　　　　　　　　D. <
   E. >=　　　　　　　F. <=

2. Python 中的算术运算符包括(　　)。
   A. +　　　　　　　　B. -　　　　　　　　C. *　　　　　　　　D. /
   E. //　　　　　　　　F. %　　　　　　　　G. **

3. 比较运算符比较之后返回的结果是布尔值(　　)。
   A. True　　　　　　B. true　　　　　　C. False　　　　　　D. false

三、判断题

1. 在 Python 中,取余(%)运算符得到的是相除结果的余数。　　　　　　　　(　　)

2. 比较运算符又称关系运算符,用于比较两个数据,判断数据之间的关系。 （　　）

3. 运算符"!＝"比较两边的操作数是否相等,相等返回 True,否则返回 False。 （　　）

4. 赋值运算符可以同时为多个变量赋相同的值。 （　　）

5. 加等于"＋＝"相当于将左值加上右值的和赋给左值。 （　　）

6. 所有的算术运算符都可以与赋值运算符"＝"组合成复合赋值运算符,使得复合赋值运算符同时具备赋值和运算的功能。 （　　）

四、编程题

1. 编写程序求解数学题。假设苹果每斤 5 元,香蕉每斤 3 元,顾客买了 10 斤苹果和若干斤香蕉,总共花费了 80 元,求解顾客买了多少斤香蕉。

2. 编写程序求解数学题。假设苹果每斤 3 元,梨每斤 2 元,顾客买了若干斤苹果和梨,总共花费了 10 元。已知顾客买的苹果比梨多 1 斤,求解顾客买了多少斤苹果和多少斤梨。

## 【任务拓展】

1. 编写程序,求解一元二次方程 $ax^2＋bx＋c＝0$,其中 a、b、c 的值由用户输入,a 不能为 0。

2. 编写程序,比较正方形和圆的面积大小,显示结果如图 2.12 所示。要求如下。

```
对角线为10的正方形面积s1: 50.0
直径为10的圆面积s2: 78.54
边长为10的正方形面积s3: 100
******************************
s1大于s2: False
s3大于s2,s2大于s1: True
```

图 2.12 比较正方形和圆的面积大小

（1）计算对角线为 10 的正方形面积 s1。
（2）计算直径为 10 的圆面积 s2。
（3）计算边长为 10 的正方形面积 s3。
（4）比较面积 s1、s2、s3 大小。

# 项目 3

# 流程控制语句应用

Python 流程控制语句是编程中非常重要的一部分,用于控制代码的执行顺序和逻辑流程,它允许开发人员根据条件、循环或其他因素来改变代码的执行顺序,即决定哪些代码应该按顺序执行、哪些代码应该跳过、哪些代码应该根据特定条件重复执行。Python 中主要的流程控制语句包括选择判断 if 语句、if-else 语句、if-elif-else 语句、if 嵌套语句、循环控制 while 语句和 for 语句,以及用于跳转的 break 和 continue 语句。

本项目通过快递计费、用户登录检测、数据加密、猜价格赢折扣四个任务的实现,帮助读者熟悉选择判断语句、循环控制语句和跳转语句的执行流程,并掌握几种语句的使用方法。

## 【学习目标】

### 知识目标

1. 理解 Python 程序控制执行流程。
2. 掌握 Python 中 if、if-else、if-elif-else 语句的语法格式。
3. 掌握 Python 中 if 嵌套语句的语法格式。
4. 掌握 Python 中 while 循环语句的语法格式。
5. 掌握 Python 中 for 循环语句的语法格式。
6. 掌握 Python 中循环嵌套语句的语法格式。
7. 掌握 Python 中 break 和 continue 跳转语句的语法格式。

### 能力目标

1. 能够熟练使用选择结构语句。
2. 能够熟练使用嵌套选择结构语句。
3. 能够熟练使用循环结构语句。
4. 能够熟练使用循环控制语句。
5. 能够熟练使用循环嵌套语句。

## 【建议学时】

8 学时。

# 任务 1　快递计费

## 【任务提出】

运用 PyCharm 开发工具编写 Python 程序,实现快递计费的功能,要求根据物品的重量、目的地,按照快递公司的计费规则计算费用,如图 3.1 所示。具体的计费规则为:首重 3 公斤,未超过 3 公斤的情况下,同城 10 元、省内地区 12 元、省外地区 15 元;超过 3 公斤的部分按公斤计费,同城 2 元/公斤、省内地区 3 元/公斤、省外地区 5 元/公斤。

```
-------------快递计费-------------
请输入快递重量(公斤):4
请输入目的地(同城为0,省内为1,省外为2):1
本件快递的费用= 15.0
```

图 3.1　快递计费

## 【任务分析】

本任务需要根据目的地区域和重量两个不同条件,使用不同的规则来计算快递费用,因此需要使用分支结构,并通过 if 语句实现。具体的任务实施分析如下所示。

1. 创建 Python 程序 postmail.py。
2. 提示用户输入快递的重量,提醒用户重量的单位是公斤,并转换为数字类型。
3. 提示用户输入快递邮寄的目的地编码,这里使用 0 表示同城、1 表示省内、2 表示省外。
4. 根据用户的输入,按照计费规则计算快递费用,输出计算结果。
5. 运行测试程序,检验快递费用计算结果是否正确。

## 【知识准备】

视频讲解

### 3.1　程序流程结构

程序流程结构是指程序语句的执行顺序,默认情况下,程序中的语句是按照自上而下的顺序依次执行的。但是按照顺序执行不能满足复杂代码逻辑的要求,Python 程序流程结构包括顺序结构、选择(分支)结构和循环结构 3 种,如图 3.2 所示。

- 顺序结构:这是最简单的程序结构,按照代码的先后顺序一行一行地执行。Python 中,除非特别指定(如使用循环或条件语句),否则代码总是从上到下顺序执行。
- 选择结构(分支结构):当需要根据不同的条件执行不同的代码块时,就会使用到选择结构。Python 中最常用的选择结构语句是 if、if-else、if-elif-else 语句。

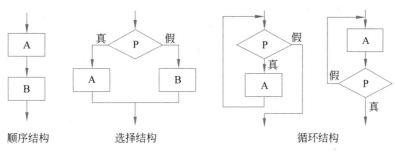

顺序结构 选择结构 循环结构

图 3.2 程序流程结构

- 循环结构：当需要重复执行某段代码时，就会使用到循环结构。Python 中最常用的循环结构有 for 循环和 while 循环。

例 3.1 计算两个整数的和，示例代码如下所示。

```
#输入两个整数并转换
a=int(input("请输入第一个整数："))
b=int(input("请输入第二个整数："))
#计算两数的和
c=a+b
#输出计算结果
print("a+b=%d" %c)
```

上述代码即为顺序结构，代码逐行从上到下依次执行，运行结果如下所示。

```
请输入第一个整数：23
请输入第二个整数：34
a+b=57
```

## 3.2 if 语句

Python 中的选择结构一般使用 if 语句，if 语句又可以分为单分支 if 语句、双分支 if-else 语句和多分支 if-elif-else 语句。

### 3.2.1 单分支 if 语句

单分支 if 语句的语法格式如下所示。

```
if 条件表达式：
    语句块
```

上述格式中，if 语句由关键字 if、条件表达式和冒号组成。条件表达式可以是一个布尔值、变量、比较表达式或者逻辑表达式。

计算条件表达式的值，如果表达式的值为真，则执行"语句块"；如果表达式的值为假，则不执行"语句块"，如图 3.3 所示。

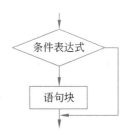

图 3.3 单分支 if 语句执行流程

在使用单分支 if 语句时需要注意以下两点。

- 当条件表达式的值为非零的数或者非空的字符串时,if 语句也认为条件是成立的。
- 如果语句块中只有一条语句,那么语句块可以直接写到冒号":"的右侧。

例 3.2　判断给定整数是否为偶数,示例代码如下所示。

```
n=int(input("请输入整数："))
if n%2==0:
    print("%d是偶数。"%n)
```

上述代码中,先获取用户输入的数据并转换为整数,然后用整数除以 2,判断余数是否为 0,如果为 0,则输出是偶数,运行结果如下所示。

```
请输入整数：20
20是偶数。
```

### 3.2.2　双分支 if-else 语句

双分支 if-else 语句可以同时处理满足条件和不满足条件两种情况,语法格式如下所示。

```
if 条件表达式：
    语句块 1
else：
    语句块 2
```

如果条件表达式成立(值为真),则执行"语句块 1";如果表达式不成立(值为假),执行 else 后面的"语句块 2",如图 3.4 所示。

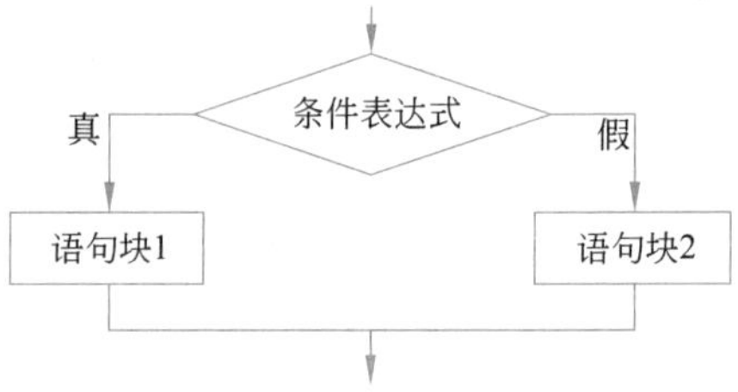

例 3.3　判断给定整数是偶数还是奇数,示例代码如下所示。

```
n=int(input("请输入整数："))
if n%2==0:
    print("%d是偶数。"%n)
else:
    print("%d是奇数。"%n)
```

图 3.4　双分支 if-else 语句

运行程序,输入 10,结果如下所示。

```
请输入整数：10
10是偶数。
```

再次运行,输入 11,结果如下所示。

```
请输入整数：11
11是奇数。
```

在使用 if-else 语句时,需要注意:

视频讲解

- 在使用 else 语句时,else 不可以单独使用,它必须和关键字 if 一起搭配使用;
- 使用缩进来划分语句块,相同缩进数的语句在一起组成一个语句块。

### 3.2.3 多分支 if-elif-else 语句

Python 中 if 语句与 elif、else 语句结合可实现多分支结构,语句语法格式如下所示。

```
if 条件表达式 1:
    语句块 1
elif 条件表达式 2:
    语句块 2
elif 条件表达式 3:
    语句块 3
    ...
elif 条件表达式 n-1:
    语句块 n-1
else:
    语句块 n
```

首先,判断条件表达式 1 的值,如果为真,则执行"语句块 1";如果为假,则继续判断条件表达式 2 的值,如果为真,则执行"语句块 2";如果为假,则继续判断条件表达式 3 的值,如果为真,则执行"语句块 3";以此类推,如果所有的条件表达式均不成立,则执行 else 语句之后的"语句块 $n$"。执行流程如图 3.5 所示。

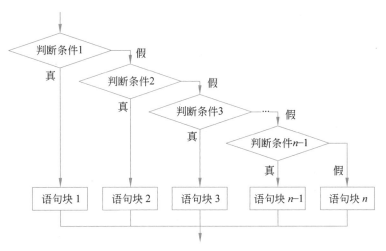

图 3.5 多分支 if-elif-else 语句执行过程

关于多分支 if-elif-else 语句的使用,说明如下。
- 关键字 elif 是 else if 的缩写。
- 最后一个"语句块 $n$"前面无需再判断条件。
- 最后的 else 分支语句可以省略。

例 3.4 根据成绩判断小明获得的奖励,规则是:成绩小于 60 分,什么都不买;成绩大于或等于 60 分且小于 90 分,妈妈给他买本参考书;成绩大于或等于 90 分且小于 100 分,妈妈给他买一部 MP4;成绩等于 100 分,爸爸给他买辆自行车。示例代码如下所示。

视频讲解

```
score=int(input("请输入小明的考试成绩: "))
if score<60:
    print("什么都不买!")
elif score<90:
    print("妈妈买参考书!")
elif score<100:
    print("妈妈买MP4!")
else:
    print("爸爸买自行车!")
```

运行程序文件,结果如下所示。

```
请输入小明的考试成绩: 98
妈妈买MP4!
```

视频讲解

## 3.3 if 嵌套语句

if 嵌套语句是指在满足一个 if 条件后,在它的语句块里再进行 if 条件判断,基本的语法格式如下所示。

```
if 条件表达式 1:
    if 条件表示式 2:
        代码块 1
    else:
        代码块 2
```

也可以是在 if-else 语句中嵌套 if-else 语句,语法格式如下所示。

```
if 条件表达式 1:
    if 条件表达式 2:
        代码块 1
    else:
        代码块 2
else:
    if 条件表达式 3:
        代码块 3
    else:
        代码块 4
```

Python 中,if、if-else 和 if-elif-else 之间可以相互嵌套。需要注意的是 if 嵌套语句在相互嵌套时,一定要严格遵守不同级别语句块缩进规范,否则会出现代码执行逻辑上的混乱。

例 3.5 计算如图 3.6 所示的分段函数结果,示例代码如下所示。

$$y=\begin{cases} x*10 & (-1\leq x\leq 1) \\ x+1 & (x>1) \\ x-1 & (x<-1) \end{cases}$$

图 3.6 分段函数

```
x=int(input("请输入 x 的值: "))
y=0
if x>=-1:
    if x<=1:
        y=x * 10
    else:
        y=x+1
else:
    y=x-1
print(y)
```

上述代码中,使用多分支 if-elif-else 语句判断 x 值所在的范围区间,选择不同的计算公式得到 y 的值。当用户输入的 x 值满足条件 x>=-1 时,需要嵌套判断是否满足条件 x<=1,如果满足条件 x<=1,则执行 y=x * 10;如果不满足条件 x<=1,则执行 y= x+1;如果不满足条件 x>=-1,则执行 y=x-1。

运行程序,根据提示信息,输入 x 的值为 10,结果如下所示。

```
请输入 x 的值: 10
11
```

## 【任务实现】

视频讲解

**1. 分析代码**

通过分析任务要求可知,快递公司计算快递费用有两个依据,即重量和目的地,在计算过程中需要遵循如下规则。

(1) 获取用户输入的重量和目的地。重量需要转换成数字类型,目的地则用 0 表示同城、1 表示省内、2 表示省外。

(2) 判断快递的重量,如果超过 3 公斤,进一步判断目的地,根据目的地的不同,先计算首重费用,再加上超出部分的费用,得出应付的快递费用。

(3) 如果快递的重量未超过 3 公斤,则继续判断目的地,根据目的地的不同,直接按首重收费标准,得出应付的快递费用。

在计算快递费用的过程中,因涉及重量和目的地两个条件的双重判断,需要使用 if 嵌套语句。

**2. 编写代码**

(1) 启动 PyCharm,选择菜单 File→New Project,指定项目位置为 D:\chapter03。

(2) 右击项目文件夹 chapter03,在弹出的快捷菜单中选择 New→Python File,在弹出的新建 Python 文件对话框中输入文件名 postmail,类别为 Python file。

(3) 在 postmail.py 文件的代码编辑窗口,输入如下语句。

```
print("----------------快递计费----------------")
weight=float(input("请输入快递重量(公斤): "))
dest=int(input("请输入目的地(同城为 0,省内为 1,省外为 2): "))
```

```
cost=0
if weight>3:
    if dest==0:cost=10+(weight-3)*2
    if dest==1:cost=12+(weight-3)*3
    if dest==2:cost=15+(weight-3)*5
elif weight<=3:
    if dest==0:cost=10
    if dest==1:cost=12
    if dest==2:cost=15
print("本件快递的费用=",cost)
```

（4）按快捷键 Ctrl＋Shift＋F10 运行当前程序，可以在底部的结果窗格中查看运行结果。

## 【任务总结】

通过本任务的学习，读者可以掌握 Python 中选择结构的用法，选择结构可以使用 if 语句、if-elif 语句、if-elif-else 语句及 if 嵌套语句来实现。在使用 if 语句时需要注意以下几点。

- 条件表达式返回的值是布尔类型的值，即 True（非 0）和 False（0 或者空类型）。在条件表达式中也可以使用 and、or、not、括号等进行条件的耦合判断。
- 在多层级的 if 语句中，需要严格控制好不同级别代码块的缩进量。
- if 语句、else 语句及 elif 语句的末尾需要加上英文半角的冒号。
- else 语句和 elif 语句都不能单独使用，必须和 if 语句一起配合使用。

## 【巩固练习】

一、选择题

1. 执行下面的语句后，输出结果是（      ）。

```
x=3
if x<5:
    print(x)
```

A. －1　　　　　　B. 1　　　　　　C. 3　　　　　　D. 5

2. 执行下面的语句后，输出结果是（      ）。

```
x=10
y=20
if x<5:
    print(y)
elif y>5:
    print(-y)
else:
    print(x)
```

A. 10　　　　　　B. －10　　　　　C. 20　　　　　D. －20

3. 执行下面的语句后,输出结果是(　　)。

```
x=10
y=20
z=30
if y<z:
    z-=x
    x+=y
    y*=x
    print(x,y,z)
else:
    z=-y
    y+=x
    x*=y
    print(x,y,z)
```

A. 10　200　30　　B. 30　600　20　　C. 20　600　30　　D. 30　200　10

4. 执行下面的语句后,输出的结果是(　　)。

```
x=3
y=5
if x<5:
  if y>5:
      print(x)
  else:
      print(y)
```

A. 3　　　　　　B. 5　　　　　　C. 8　　　　　　D. －5

5. 执行下面的语句后,输出的结果是(　　)。

```
x=10
y=20
if x>10:
  if y>10:
    print(x)
  else:
    print(y)
else:
  if y>10:
      print(-x)
  else:
      print(-y)
```

A. 10　　　　　　B. －10　　　　　C. 20　　　　　D. －20

二、判断题

1. 在if语句中,当条件表达式的值为非零的数或者非空的字符串时,也认为条件是成立的。　　　　　　　　　　　　　　　　　　　　　　　　　　　　　　(　　)

2. 使用 if 语句时,如果语句块中只有一条语句,那么语句块可以直接写到冒号":"的右侧。　　　　　　　　　　　　　　　　　　　　　　　　　　　　　　　　(　　)

3. 在 if-else 语句中,使用 else 语句时,else 不可以单独使用,它必须和关键字 if 一起搭配使用。　　　　　　　　　　　　　　　　　　　　　　　　　　　　　　(　　)

4. 使用缩进来划分语句块时,相同缩进数的语句在一起组成一个语句块。　　(　　)

5. 在 if 嵌套语句中,if 的个数一定大于或等于 else 的个数。　　　　　　　(　　)

6. 在 if 嵌套语句中,if 和 else 的配对的原则是从第一个 else 开始,向上查找,最近的未配对的 if 与之配对;再用同样的方法依次查找与下一个 else 配对的 if。　(　　)

7. 在 if 嵌套语句中,if 语句、else 语句及 elif 语句的末尾需要加上英文半角的冒号。
　　　　　　　　　　　　　　　　　　　　　　　　　　　　　　　　　　(　　)

8. 在 if 嵌套语句中,else 语句和 elif 语句不能单独使用,应该和关键字 if 一起配合使用。
　　　　　　　　　　　　　　　　　　　　　　　　　　　　　　　　　　(　　)

三、编程题

1. 编写程序,输入两个大于零的整数 a、b,判断 a 与 b 的大小,如果 a 大于 b,则输出 a+b 的值,否则输出 a−b 的值。

2. 编写程序,输入人体体温值,判断体温情况,如果大于或等于 37.3,则输出"体温异常",否则输出"体温正常"。

3. 编写程序,输入两门学科(满分 100 分)的成绩 score1、score2,如果两门成绩中有一门大于 60 分就输出"通过",否则输出"加油"。

4. 编写程序,输入购买某件商品的单价和数量,判断购买数量多少,如果数量大于 10,则输出打 7.5 折后的总金额,否则输出打 9 折后的总金额。

5. 编写程序,判断是否为酒后驾车。下面规定,车辆驾驶员的血液酒精含量小于 20mg/100ml 不构成酒驾;酒精含量大于或等于 20mg/100ml 为酒驾;酒精含量大于或等于 80mg/100ml 为醉驾。

6. 编写程序,将用户输入的分数转换成等级:A(大于或等于 90 分),B(大于或等于 80 分且小于 89 分),C(大于或等于 70 分且小于 79 分),D(大于或等于 60 分且小于 69 分),E(小于 60 分)。

# 【任务拓展】

1. 编写程序,输入一个字符,判断它是不是一个字母,如果是一个字母,则判断它是大写还是小写,然后再输出所输入的字母及其 ASCII 码值。

2. 编写程序,通过随机数函数(random.randint(a,b),用于生成一个指定范围内的整数)随机产生三条边,要求输出三条边长(边长为 1~20 的整数),并判断这三条边是否可以构成一个三角形,如果可以则计算出三角形的面积,否则输出信息"这三条随机的边不能够成三角形"。

3. 编写程序,用户输入今天是星期几,然后根据用户的输入进行判断。这里只判断星期六和星期天,其余显示为"工作日"。

4. 编写程序,要求用户输入一个字符值并检查它是否为元音字母(a、e、i、o、u)。

5. 编写程序,判定给定的年份是否为闰年。闰年的判定规则为:能被 4 整除但不能被 100 整除的年份,或能被 400 整除的年份。

# 任务 2 　用户登录检测

## 【任务提出】

　　运用 PyCharm 开发工具编写 Python 程序，对用户登录系统时输入的用户名和密码进行检测，如果输入的用户名和密码正确，则可以进入系统；如果不正确，则不允许进入系统。允许用户有三次输入机会，如果错误次数超过三次，则禁止登录。运行界面如图 3.7 所示。

用户第**1**次登录系统
请输入用户名：*admin*
请输入密码：*123456*
用户名和密码正确，欢迎您的到来！

图 3.7　运行界面

## 【任务分析】

　　本任务主要实现的是对用户名和密码的正确性进行检测，用户有三次输入的机会，因此需要通过循环语句实现。具体的任务实施分析如下所示。

　　1. 创建 Python 程序 login.py。

　　2. 使用循环语句控制程序执行流程。

　　3. 在循环语句中，提示用户输入用户名和密码，并记录当前输入的次数，判断用户输入的用户名和密码是否正确，如果不正确，则循环提示用户输入用户名和密码，并累加输入的次数。

　　4. 根据用户的输入检测结果，给出相应的提示信息。

　　5. 运行测试程序，检验代码执行流程是否正确以及功能是否实现。

## 【知识准备】

　　循环结构是重复执行某段程序，直到循环条件不满足为止的一种程序流程结构。Python 中用于循环结构的语句主要有 while 和 while-else 语句。

## 3.4 　while 语句

视频讲解

　　while 语句的基本语法格式如下所示。

```
while 条件表达式：
    语句块          #循环体
```

　　上述语法中包括 while 关键字、条件表达式、冒号和循环体中的语句块。语句块可以是单个语句，也可以是多个语句，语句块需要整体缩进。当条件表达式的值为 True 时，反复执行语句块中的代码;为 false 时,循环结束。while 语句的执行流程如图 3.8 所示。

例 3.6 运用 while 语句计算 1＋2＋3＋…＋100 的和。

分析:计算连加求和,需要先定义变量 sum,用于保存每次求和的结果,其初始值为 0,然后将需要连加的数字逐个累加到 sum 上。

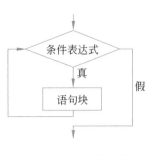

图 3.8 while 语句的执行流程

```
sum=0
sum=sum+1
sum=sum+2
sum=sum+3
…
sum=sum+100
```

从这里可以看出,只有每次累加的数字在发生变化,可以用一个变量 n 来存放累加的数字,其初始值为 1,每累加一次,n 值加 1,反复循环执行,一直到 n＝100 为止。示例代码如下所示。

```
n =1
sum=0
#当 n 小于或等于 100 时,会一直执行循环
while n <=100 :
    sum=sum +n          #累加求和
    n +=1               #改变累加数字
print("sum=",sum)
```

执行代码,运行结果如下所示。

```
sum=5050
```

注意:在使用 while 语句时,一定要避免出现死循环,即无法结束的循环。也就是说,用于控制循环执行的条件表达式不能一直为 True,在循环体的语句块中需要有改变条件表达式值的语句。例如,将上面代码中的语句 n＋＝1 删除,n 的值将不会发生变化,一直为 1,条件表达式 n<＝100 会一直为 True,此时将会出现死循环。

## 3.5 while-else 语句

在 Python 中,while 语句中使用 else 语句,当条件表达式为 True 时,执行语句块 1;为 False 时则执行语句块 2,其语法格式如下所示。

```
while 条件表达式:
    语句块 1             #满足条件执行代码块 1
else:
    语句块 2             #不满足条件执行代码块 2
```

例 3.7 输入变量 x 的值,循环输出 x 的值,并判断 x 的大小。示例代码如下所示。

```
#带 else 子句的 while 循环
x=int(input("请输入 x 的值："))
while x<5:
    print(x," 小于 5")
    x=x+1
else:
    print(x," 大于或等于 5")
```

运行结果如下所示。

```
请输入 x 的值：1
1   小于 5
2   小于 5
3   小于 5
4   小于 5
5   大于或等于 5
```

注意：while 循环中的 else 子句也属于循环的一部分，最后一次循环结束后将执行 else 子句。

## 【任务实现】

**1. 分析代码**

通过分析任务要求可知，用户登录系统可以输入三次账号密码，考虑使用 while 循环语句来控制用户输入的次数不得超过 3 次。

定义 user、pwd、n 三个变量分别用于保存用户名、密码、登录次数，初始值分别为空字符串、空字符串、1。

视频讲解

在循环体语句中，按照如下步骤执行。

（1）提示用户当前是第几次登录系统。

（2）使用 input 语句分别获取用户输入的用户名和密码，并分别保存在变量 user、pwd 中。

（3）使用 if-else 语句判断用户输入的用户名和密码是否正确，如果正确则给出欢迎信息，并结束循环；如果输入的用户名和密码错误，则给出错误提示信息。

（4）每登录一次，将 n 值累加 1。

如果登录次数 n 超过 3，则循环进入 else 分支，给出禁止登录的提示，结束循环。

**2. 编写代码**

（1）启动 PyCharm，选择菜单 File→New Project，指定项目位置为 D:\chapter03。

（2）右击项目文件夹 chapter03，在弹出的快捷菜单中选择 New→Python File，在弹出的新建 Python 文件对话框中输入文件名 login，类别为 Python file。

（3）在 login.py 文件的代码编辑窗口，输入如下代码。

```
user=""
pwd=""
```

```
n=1
while n<=3:
    print(f"用户第{n}次登录系统")
    user=input("请输入用户名: ")
    pwd=input("请输入密码: ")
    if user=="admin" and pwd=="123456":
        print("用户名和密码正确,欢迎您的到来!")
        exit()
    else:
        print("用户登录失败。")
    n+=1
else:
    print("最多允许尝试登录三次,禁止再次登录。")
```

(4) 按快捷键 Ctrl+Shift+F10 运行当前程序。

## 【任务总结】

通过本任务的学习,读者可以理解 Python 中循环结构的执行流程,并掌握 while 语句和 while-else 语句的基本用法。在使用 while 循环时需注意以下几点。

- while 循环必须有一个明确的条件来终止循环,否则它将无限循环下去。在设计循环时,需确保在某种情况下条件表达式最终会变为 False,从而结束循环。
- 在循环内部定义只在循环内部使用的变量时,要注意避免在每次循环时都重新创建它们,这会浪费大量的内存和计算资源。如果变量需要在循环外部访问,则应在循环外部定义。
- while 循环用于重复执行一段代码块,直到满足特定的条件为止;而 while-else 允许在 while 循环正常结束(被 break 语句强制退出除外)后执行一段额外的代码。

## 【巩固练习】

一、选择题

1. 执行下面的语句,输出的结果是(　　　)。

```
x=1
y=2
while x<=5:
    x=x+y
    y=y*x
print(x)
```

A. 5　　　　　　　　　B. 7　　　　　　　　　C. 8　　　　　　　　　D. 9

2. 执行下面的语句,输出的结果是(　　　)。

```
while True:
    print('while')
```

A. while　　　　　B. True　　　　　C. 死循环　　　　　D. 没有输出

二、判断题

1. while 循环语句中的语句块可能一次都不被执行。　　　　　　　　　（　　）

2. while 循环语句中使用 else 语句,当循环条件为 False 时执行 else 语句块。（　　）

3. 在运用 while 循环时,循环体中需有修改循环变量的语句,确保循环条件不会一直为真,否则会出现死循环。　　　　　　　　　　　　　　　　　　　　　　（　　）

三、编程题

1. 编写程序,运用 while 语句计算 1～50 的奇数之和以及偶数之和。

2. 编写程序,运用 while 语句计算 $1+3+6+\cdots+3*n+\cdots+99$ 的和。

3. 编写程序,运用 while 语句计算 $1-3+5-7+\cdots-99+101$ 的运算结果。

4. 编写程序,运用 while 语句,输出 1～100 能被 3 整除但不能被 5 整除的数,统计有多少这样的数?

## 【任务拓展】

1. 编写程序寻找 1～1000 中所有 7 的倍数和包含 7 的数字,并全部显示出来。

2. 编写程序,输入一个自然数,要求将自然数的每一位数字按反序输出,例如,输入 35819,输出 91853。

3. 将 500 元钱存入银行,假如每年可以有 3% 的收益,编写程序计算出多少年后可以翻倍。

# 任务 3　数 据 加 密

## 【任务提出】

运用 PyCharm 开发工具编写 Python 程序,对数据进行加密处理,并输出原数据和加密后的密文。加密规则如下所示。

1. 大写字母(A 到 Z)转换成对应的小写字母(z 到 a),例如,A 转换成 z,B 转换成 y,以此类推。

2. 小写字母(z 到 a)转换成对应的大写字母(A 到 Z),例如,a 转换成 A,b 转换成 Y,以此类推。

3. 数字转换成 9－数字,例如,0 转换成 9,4 转换成 5。

4. 反转,即将转换后的数据进行反转,例如,将 ABCD 反转为 DCBA。

数据加密效果如图 3.9 所示。

```
--------数据加密--------
请输入密码(字母或数字):123XYZ
原文:  123XYZ
密文:  abc678
```

图 3.9　数据加密效果

## 【任务分析】

本任务主要是实现对数据的加密处理,根据加密规则的要求,对原文的逐个字母进行加密处理,需要运用循环语句来实现。具体的任务实施分析如下所示。

1. 创建 Python 程序 encrypt.py。
2. 使用循环语句控制程序执行流程。
3. 在循环语句中,逐个判断字母类别,根据不同的类别,选择不同的加密规则进行数据转换。
4. 将转换后的数据进行反转,输出原文和密文。
5. 运行测试程序,检验数据加密是否成功。

视频讲解

## 【知识准备】

### 3.6 for 语句

for 语句是 Python 中常用的一种循环结构语句,一般用于实现遍历循环,遍历指逐一访问目标对象中的数据,例如,逐个访问字符串中的字符,其语法格式如下所示。

```
for 循环变量 in 目标对象:
    语句块            #循环体
```

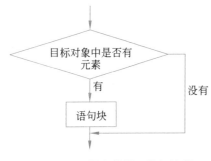

图 3.10 for 语句的循环执行流程

其中,循环变量用于保存在目标对象中逐一读取到的数据,其中,目标对象是存放多个元素的数据序列。for 语句的循环执行流程如图 3.10 所示。

for 语句首先判断目标对象中是否还有元素,如果有,将目标对象中的元素赋值给循环变量,执行循环体语句块;然后,再次判断目标对象是否有元素,若有元素,则继续重新执行循环体语句块……如此循环,直到目标对象中没有元素为止。也就是说,for 循环将目标对象中的元素依次赋值给前面的循环变量,每赋值一次,执行一次语句块。

for 循环常用于遍历字符串、列表、元组、字典、集合等序列类型,逐个获取序列中的每个元素。

例 3.8 使用 for 循环遍历输出字符串中的每个元素,示例代码如下所示。

```
for n in "for":
    print(n)
```

上述代码中,for 循环变量为 n,in 是关键字,目标对象是字符串"for",循环体语句块输出目标对象中的每个元素,运行结果如下所示。

```
f
o
r
```

## 3.7 range()函数

在 Python 中,range()是一个内置函数,用于生成一个整数序列。这个函数经常用在 for 循环中来迭代一系列的数字,其语法格式如下所示。

```
range(start,end,step)
```

语法格式说明如下所示。
- start:序列的起始值(包含),默认是 0。
- stop:序列的结束值(不包含)。
- step:序列中相邻两个数之间的差(步长),默认是 1。

range 的用法主要有以下三种。

(1) range(end),获取一个从 0 开始,到 end 结束的数字序列(不包含 end 本身)。例如,range(5)取得的数据是[0,1,2,3,4]。

(2) range(start,end),获得一个从 start 开始,到 end 结束的数字序列(不包含 end 本身)。例如,range(5,10)取得的数据是[5,6,7,8,9]。

(3) range(start,end,step),获得一个从 start 开始到 end 结束的数字序列(不包含 end 本身),数字之间的步长,以 step 为准(step 默认为 1)。例如,range(5,10,2)取得的数据是[5,7,9]。

例 3.9   使用 for 循环语句输出 0~3 的整数,示例代码如下所示。

```
for n in range(0,4):
    print(n)
```

运行结果如下所示。

```
0
1
2
3
```

可以看出,当 range()函数用于 for 循环时,循环次数取决于 range()函数返回的数据序列的长度。

例 3.10   运用 for 语句计算 1+2+3+…+100 的和,示例代码如下所示。

```
print("计算 1+2+3+…+100 的结果是: ")
sum=0
for n in range(1,101):
    sum=sum+n
```

```
print("sum=",sum)
```

运行结果如下所示。

```
计算 1+2+3+…+100 的结果是:
sum=5050
```

## 【任务实现】

视频讲解

**1. 分析代码**

通过分析任务要求可知,需要将用户输入的数据根据不同的转换规则转换成加密的密文字符串。

首先,提示用户输入原文,使用 input() 函数接收用户输入。然后,使用 for 循环从用户输入的原文中依次取出每位字符,根据加密规则,在 for 循环中嵌套 if 语句判断每位字符是大写字母、小写字母还是数字,采用不同的转换方式将其转换并连接成加密密文。密文转换过程中,将字符转换成 ASCII 码值的函数是 ord(),将 ASCII 码值转换成字符的函数是 chr()。最后,将转换后的密文使用 m[::−1] 将密文反转,并输出原文和加密后的密文。

**2. 编写代码**

(1) 启动 PyCharm,选择菜单 File→New Project,指定项目位置为 D:\chapter03。

(2) 右击项目文件夹 chapter03,在弹出的快捷菜单中选择 New→Python File,在弹出的新建 Python 文件对话框中输入文件名 encrpyt,类别为 Python file。

(3) 在 encrpyt.py 文件的代码编辑窗口,输入如下代码。

```
print("---------数据加密--------")
orig=input("请输入密码(字母或数字): ")
m=""
for n in orig:
    if n>='A' and n<='Z':
        m+=chr(ord('z')-(ord(n)-ord('A')))
    if n>='a' and n<='z':
        m+=chr(ord('z')-(ord(n)-ord('a'))+ord('a'))
    if n>='0' and n<='9':
        m+=chr(ord('9')-ord(n)+48)
print("原文: ",orig)
print("密文: ",m[::-1])
```

(4) 按快捷键 Ctrl+Shift+F10 运行当前程序,输入原文"123XYZ",可以在底部的结果窗格中查看运行结果。

## 【任务总结】

通过本任务的学习,读者可以掌握 for 循环语句和 range() 函数的使用方法,在使用过程需要注意以下几点。

- 循环体是 for 关键字和冒号之后的语句块,语句块需要缩进。
- 循环变量在每次遍历时都会被赋值为目标对象中的下一个元素,循环结束后,循环变量的值将是最后一次遍历的值。一般情况下,不要在循环体内部修改循环变量的值。
- for 循环不需要显式地设置循环的终止条件,当目标对象中的所有元素都被遍历过之后,循环会自动结束。for 循环执行的次数,取决于目标对象中元素的个数。

## 【巩固练习】

一、选择题

1. 执行下面的语句后,输出结果是(    )。

```
x=1
y=5
for i in range(5):
    x=x+y
print(x)
```

  A. 1     B. 6     C. 21     D. 26

2. 执行下面的语句后,输出结果是(    )。

```
x=5
y=10
for i in range(1,5):
    x=x+y
print(x)
```

  A. 30     B. 35     C. 40     D. 45

3. 执行下面的语句后,输出结果是(    )。

```
x=5
y=10
for i in range(1,5,2):
    x=x+y
print(x)
```

  A. 20     B. 25     C. 30     D. 35

二、判断题

1. for 循环常用于遍历字符串、列表、元组、字典、集合等序列类型,逐个获取序列中的每个元素。          (    )

2. 在运用 for 循环时,要确保循环条件不会一直为真,否则会出现死循环。 (    )

3. 当 for 循环用于迭代时不需要考虑循环次数,循环的次数取决于目标对象中元素的个数。          (    )

三、编程题

1. 编写程序,运用 for 语句找出 1～100 能够被 5 整除的数字。

2. 编写程序,运用 for 语句计算 1～100 所有奇数的总和。

3. 编写程序,运用 for 语句计算 1～100 所有偶数的总和。

4. 编写程序,运用 for 语句计算 1～100 不能被 3 整除的数之总和。

## 【任务拓展】

1. 将 20 元钱兑换成一元、二元、五元的纸币,要求每一种纸币最少要有一张,编写程序,计算出有几种兑换的方法,并写出每种方法中每一种纸币的张数。

2. 猴子吃桃问题:猴子第一天摘了若干桃子,当即吃了一半,还不过瘾,又多吃了一个;第二天早上将剩下的桃子吃掉一半,又多吃了一个;以后每天早上都吃了前一天剩下的一半,再多吃一个;到第 10 天早上发现只剩下一个桃子。编写程序,求猴子第一天共摘了多少个桃子?

# 任务 4　猜价格赢折扣

## 【任务提出】

运用 PyCharm 开发工具编写 Python 程序,实现猜价格赢折扣的功能,即按照顾客猜中价格用到的尝试次数,给予顾客购买商品不同的价格折扣,具体规则如下所示。

1. 系统随机生成一个 100～200 的价格。

2. 顾客猜测价格,系统判断顾客猜测的价格偏高还是偏低,并给出相应的提示。

3. 顾客有 5 次猜测机会,如果在 5 次内猜中可以获得折扣奖励;5 次仍未猜中,则不能获得折扣奖励。

4. 顾客商品折扣奖励办法:第 1 次猜中,折扣为 5 折;第 2 次猜中,折扣为 6 折;第 3 次猜中,折扣为 7 折;第 4 次猜中,折扣为 8 折;第 5 次猜中,折扣为 9 折。

根据顾客所购买商品的金额、猜中价格的次数,输出相应折扣后的商品金额,效果如图 3.11 所示。

## 【任务分析】

本任务主要实现的功能,是根据顾客猜价格的情况确定折扣比例,顾客每次给出猜测价格后,程序都需要进行判断并进行相应的处理,因此需要使用循环并嵌套判断语句来实现,具体的任务实施分析如下所示。

1. 创建 Python 程序 discount.py。

```
----------------猜价格赢折扣----------------          ----------------猜价格赢折扣----------------
请输入所购买商品金额:300                            请输入所购买商品金额:300
请输入第1次猜测的商品价格:150                       请输入第1次猜测的商品价格:150
小了!                                             大了!
请输入第2次猜测的商品价格:160                       请输入第2次猜测的商品价格:140
小了!                                             小了!
请输入第3次猜测的商品价格:170                       请输入第3次猜测的商品价格:145
小了!                                             大了!
请输入第4次猜测的商品价格:180                       请输入第4次猜测的商品价格:144
小了!                                             大了!
请输入第5次猜测的商品价格:190                       请输入第5次猜测的商品价格:143
小了!                                             顾客,您好!第5次猜中,折扣是9折,应付商品金额是:270.00
没猜中,无折扣,系统生成随机价格是195,应付商品金额是:300.00
```

图 3.11  参考运行效果界面

2. 输入顾客购买商品的金额,由系统随机生成一个价格。

3. 使用循环嵌套语句控制程序执行流程。

4. 在循环语句中,比较顾客每次猜测的价格与系统随机生成的价格,根据规则,计算顾客可以获得的折扣比例。在循环语句中,如果顾客猜中,可以直接结束循环语句。

5. 计算顾客所购买商品折扣后的金额,并输出。

6. 运行测试程序,检验程序功能是否实现。

## 【知识准备】

在 Python 中,循环嵌套指的是在一个循环内部包含另一个循环,这种结构允许根据多个序列或条件来执行重复的任务。最常见的嵌套循环类型是 for 循环嵌套在另一个 for 循环中,但 while 循环也可以嵌套在 for 循环或另一个 while 循环中。位于外层的循环结构称为外循环,位于内层的循环结构称为内循环。

在复杂的程序结构中,分支结构和循环结构也经常会出现嵌套使用的情况,即 if 语句、while 语句、for 语句互相多层嵌套使用。

### 3.8  while 循环嵌套

视频讲解

while 循环嵌套是指 while 语句中嵌套了 while 或 for 语句,while 循环嵌套的语法格式如图 3.12 所示。

```
while 循环条件 1:          # 外循环              while 循环条件:            # 外循环
    语句块 1                                       语句块 1
    while 循环条件 2:      # 内循环                 for 循环变量 in 目标对象:  # 内循环
        语句块 2                                       语句块 2
        ......                                          ......
```

图 3.12  while 循环嵌套的语法格式

循环嵌套结构执行的流程如下所示。

(1) 当外循环条件为 True 时,执行外循环结构中的循环体。

（2）外循环的循环体包括语句块 1 和内循环，循环体按顺序执行。当内循环的循环条件为 True 时，会执行内循环中的循环体，直到条件为 False 时结束内循环。

（3）如果此时外循环的条件仍为 True，则返回第（2）步，继续执行外循环的循环体，直到外循环的循环条件为 False 时结束外循环。

当内层循环的循环条件为 False，且外层循环的循环条件也为 False，则整个嵌套循环才算执行完毕。

例 3.11　while 循环中嵌套 for 循环，示例代码如下所示。

```
i=0
while i<3:
    for j in range(3):
        print("i=",i,"j=",j)
    i+=1
```

上述代码中，外循环使用的是 while 语句，内循环使用的是 for 语句。程序执行的流程是：一开始 i＝0，循环条件 i＜3 成立，进入 while 外循环执行其外层循环体；从 j＝0 开始，由于 j＜3 成立，因此进入 for 内循环执行内层循环体，直到 j＝3 不满足循环条件，跳出 for 循环体，继续执行 while 外循环的循环体；执行 i＝i＋1 语句，如果 i＜3 依旧成立，则从第 2 步继续执行；直到 i＜3 不成立，此循环嵌套结构才执行完毕。根据上面的分析，此程序中外层循环将循环 3 次（从 i＝0 到 i＝2），而每次执行外层循环时，内层循环都从 j＝0 循环执行到 j＝2。因此，该嵌套循环结构将执行 3×3＝9 次。嵌套循环执行的总次数＝外循环执行次数×内循环执行次数。运行结果如下所示。

```
i=0 j=0
i=0 j=1
i=0 j=2
i=1 j=0
i=1 j=1
i=1 j=2
i=2 j=0
i=2 j=1
i=2 j=2
```

```
# # # #
# # # #
# # # #
# # # #
```
图 3.13　#号矩形图案

例 3.12　使用 while 循环嵌套输出如图 3.13 所示的"#"号矩形图案。

分析：矩形图案有四行四列，需要使用双重循环，外循环控制矩形图案的行数，内循环控制矩形图案的列数。外循环每增加一次，内层循环输出一行，示例代码如下所示。

```
n=4                    #n控制矩形的行数
i=1                    #i控制矩形每行的个数
while i<=n:
    j=1                #从第一列开始输出
    while j<=n:
        print("#",end=" ")
```

```
    j+=1                        #每输出一列后,j加1,继续下一列输出
    i+=1                        #每输出一行后,i加1,继续下一行输出
    print()
```

## 3.9　for 循环嵌套

for 循环嵌套是指 for 语句中嵌套了 for 或 while 语句,for 循环嵌套的语法格式如图 3.14 所示。

```
for 循环变量 in 目标对象:        #外层循环
    语句块 1
    for 循环变量 in 目标对象:    #内层循环
        语句块 2
    ……
```

```
for 循环变量 in 目标对象:        #外层循环
    语句块 1
    while 循环条件:             #内层循环
        语句块 2
    ……
```

图 3.14　for 循环嵌套的语法格式

例 3.13　使用 for 循环嵌套来输出如图 3.13 所示"♯"号矩形图案,示例代码如下所示。

```
#i 外层循环,控制矩形的行数
for i in range(0,4):
    #j 内层循环,控制矩形的列数
    for j in range(0,4):
        print("#",end=" ")
    print()             #换行
```

上述代码中,外循环变量 i 控制矩形图案的行数,它的值从 0 到 3,循环 4 次,表示输出 4 行;内循环变量 j 控制矩形的列数,它的值从 0 到 3,循环 4 次,表示每行输出 4 列,每列输出一个"♯"号。

## 3.10　break 语句

视频讲解

break 语句用于提前结束循环,程序执行到 break 语句时会直接结束循环,break 语句后面的语句将不会再执行。

例 3.14　对数字 1、2、3、……、99 依次求其平方数,当平方数大于或等于 100 时退出循环,示例代码如下所示。

```
for i in range(0,100):
    if (i * i)>=100:
        break
print(i)
print("for 循环结束")
```

上述代码中,当循环变量 i 为 10 时,if 条件表达式为 True,break 语句会被执行,此时 for 循环会直接结束,继续执行 for 循环后面的语句 print(i),代码运行结果如下所示。

```
10
for 循环结束
```

```
for 循环变量 in 目标对象:
    语句
    ......
    break
    ......
    语句          跳出循环
循环外语句
```

图 3.15　break 语句的执行流程

break 语句的执行流程如图 3.15 所示,从图中可以看出,当执行到 break 语句时,程序就跳出 for 循环,去执行 for 下面的语句。

## 3.11　continue 语句

continue 语句用于在满足特定条件的情况下跳出本次循环,转而执行下一次循环。

例 3.15　输出整数 1～50 中能被 13 整除的数,示例代码如下所示。

```
i=1
while  i<=50:
    if i%13!=0:
        i+=1
        continue
    print(i)
    i+=1
print("while 循环结束")
```

上述代码中,在 while 循环体内,如果 i 不能被 13 整除,执行 continue 语句,跳出本次循环,后面的语句直接跳过,进入下一次循环,代码运行结果如下所示。

```
13
26
39
while 循环结束
```

continue 语句的执行流程如图 3.16 所示。

从图中可以看出,当执行到 continue 语句时,程序跳出本次循环,continue 后面的语句不执行,直接进入下一次循环。

例 3.16　从键盘上输入不多于 10 个的整数,求这些数的总和及其中正数的总和。若不足 10 个数,则以 0 作为结束标记。

分析:循环接收用户输入的值,若输入的整数不足 10 个,可用 break 语句来提前结束循环;若输入的整数为负数,可用 continue 语句来控制该整数不累加到整数的总和中,从而结束本次循环,示例代码如下所示。

```
while 条件:
    语句
    ......       继续循环
    continue
    ......
    语句
```

图 3.16　continue 语句的执行流程

```
s1=0                      #所有数的总和
s2=0                      #正数的和
n=0
print("请输入 10 个整数: ")
```

```
for t in range(0,10):
    n=int(input("请输入整数:"))    #获取用户输入的数据并转换为整数
    if n==0:                      #判断是否结束输入
        break
    s1+=n                         #s1 累加求和
    if n<0:
        continue                  #当数值为负数时,结束本次循环,不执行 s2 的累加求和
    s2+=n
print("总和=",s1)
print("正数总和=",s2)
```

上述代码中,在 for 循环中使用了 break 语句提前结束循环,也使用了 continue 语句结束当前循环,进入下一次循环,运行结果如下所示。

```
请输入 10 个整数:
请输入整数:1
请输入整数:4
请输入整数:5
请输入整数:-7
请输入整数:0
总和=3
正数总和=10
```

## 【任务实现】

### 1. 代码分析

根据前面的任务分析可知,可以运用循环语句来控制顾客猜价格的流程,具体分析如下。

(1) 初始设置猜测次数 count 为 0、折扣比例 dis 为 1。

(2) 运用 random 函数随机产生一个 100~200 的价格 price。

(3) 用 input 函数接收顾客所购买商品的原始金额,用于计算最后的折扣金额。

(4) 用 while 循环语句控制顾客猜价格的流程。在循环体中,判断顾客猜测的价格是否与 price 一致,如果一致,再用 if 语句根据折扣计算规则,给出顾客可以获得的折扣,并用 break 语句直接结束循环;如果顾客猜测的价格不一致,则给出相应的提示,并进入下一次猜测,直至猜够 5 次。

(5) 根据顾客获得的折扣,计算出顾客应付的商品金额。

### 2. 编写代码

(1) 启动 PyCharm,选择菜单 File→New Project,指定项目位置为 D:\chapter03。

(2) 右击项目文件夹 chapter03,在弹出的快捷菜单中选择 New→Python File,在弹出的新建 Python 文件对话框中输入文件名 discount,类别为 Python file。

(3) 在 discount.py 文件的代码编辑窗口,输入如下语句。

视频讲解

```
import random
print("----------------猜价格赢折扣----------------")
count=0
dis=1
price=random.randint(100,200)
personal=float(input("请输入所购买商品金额: "))
while count<5:
    guess=int(input("请输入第%d次猜测的商品价格: "%(count+1)))
    count+=1
    if guess==price:
        if count==1: dis=0.5
        if count==2: dis=0.6
        if count==3: dis=0.7
        if count==4: dis=0.8
        if count==5: dis=0.9
        break
    elif guess>price:  print("大了!")
    else: print("小了!")
if dis==1:
    print("没猜中,无折扣,系统生成随机价格是%d,应付商品金额是: %.2f"%(price,
    personal))
else:
    personal=personal*dis
    dis=dis*10
    print("顾客,您好!第%d次猜中,折扣是%d折,应付商品金额是: %.2f"%(count,dis,
    personal))
```

（4）按快捷键 Ctrl＋Shift＋F10 运行当前程序，可以在底部的结果窗格中查看运行结果。

## 【任务总结】

通过本任务的学习，读者可以掌握 Python 循环结构的嵌套用法，循环结构与分支结构的嵌套使用，以及 break、continue 语句的作用。在使用过程中需要注意以下几点。

- 嵌套循环可以有多层，每增加一层嵌套，都会增加代码的复杂性，注意避免出现逻辑上的混乱。
- 循环嵌套只能层层嵌套，不能出现内外循环交叉。
- 在嵌套循环中，每个循环都应该有自己的变量。确保这些变量的命名不会冲突，并且能清晰地反映它们的用途。
- Python 使用缩进来定义代码块。在嵌套循环中，确保每一层循环的缩进都是正确的。错误的缩进会导致语法错误。
- break 和 continue 只能用于循环结构中（如 for 循环和 while 循环），不能用于其他类型的代码块中。如果有嵌套的循环结构，它们也只会影响最内层的循环。

# 【巩固练习】

一、选择题

1. 执行下面的语句后,输出结果是(　　　)。

```
x=1
s=0
for i in range(1,5):
    for j in range(1,i):
        s+=1
print(s)
```

　　A. 0　　　　　　　　B. 1　　　　　　　　C. 5　　　　　　　　D. 6

2. 执行下面的语句后,输出结果是(　　　)。

```
x=0
for x in range(4):
    x+=1
    if x==2:
        break
print(x)
```

　　A. 1　　　　　　　　B. 2　　　　　　　　C. 3　　　　　　　　D. 5

3. 执行下面的语句后,输出结果是(　　　)。

```
x=3
y=5
while True:
    if x<5:
        x+=x
        print(x)
        break
    elif y<1:
        y-=y
        print(y)
```

　　A. 0　　　　　　　　B. 2　　　　　　　　C. 6　　　　　　　　D. 8

4. 执行下面的语句后,输出结果是(　　　)。

```
x=0
for x in range(5):
    x+=1
    if x==3:
        continue
print(x)
```

　　A. 0　　　　　　　　B. 3　　　　　　　　C. 5　　　　　　　　D. 6

二、判断题

1. continue 关键字的作用是跳过本次循环,执行下一次循环。 （　　）

2. 在 for 循环和 while 循环中,都可以使用 continue 关键字。 （　　）

3. break 关键字的作用是直接结束循环,执行循环后面的代码。 （　　）

4. 在 for 循环和 while 循环中,都可以使用 break 关键字。 （　　）

三、编程题

1. 编写程序,输入一个正整数,求它是几位数。

2. 编写程序,从键盘输入一个大于 2 的整数,判断该数是否为素数。

3. 编写程序,统计 1000 以内能被 3 整除但是不能被 5 整除的数的个数。

4. 编写程序,输出九九乘法表。

5. 编写程序,计算 $1+2!+3!+\cdots+20!$的和。

## 【任务拓展】

1. 编写程序,输出水仙花数,水仙花数是指一个 n 位数(n≥3),它的每个位置上的数字的 n 次幂之和等于它本身(例如,$1**3+5**3+3**3=153$)。

2. 编写程序,输入两个正整数,计算它们的最大公约数和最小公倍数。

3. 编写程序,循环录入学生的成绩并求出平均分,当录入负数时提示录入错误,当输入 -1 时提示结束,最后输出总成绩和平均分。

# 项目 4

## 字符串应用

字符串是 Python 中最常用的数据类型，不仅可以用来表示字母、单词、短语、句子等，还可以用来进行文本和数据处理。Python 中提供了字符串创建和转化、字符串格式化输出、字符串查找与替换、字符串分隔与拼接、字符串大小写转换和字符串对齐等常用操作。

本项目通过输出英文歌词、用户名密码提取两个任务的实现，帮助读者掌握字符串的使用方法。

### 【学习目标】

**知识目标**

1. 了解字符串概念。
2. 掌握字符串创建和转化的常用方法。
3. 掌握字符串格式化输出的常用方法。
4. 掌握字符串查找与替换的常用方法。
5. 掌握字符串分隔与拼接的常用方法。
6. 掌握字符串大小写转换的常用方法。
7. 掌握字符串对齐的常用方法。

**能力目标**

1. 能够使用三种方法创建字符串。
2. 能够将其他数据类型转换为字符串。
3. 能够使用占位符和 format 函数完成字符串的格式化输出。
4. 能够完成项目中字符串查找和替换功能。
5. 能够实现字母大小写转换。
6. 能够实现字符串的左对齐、居中和右对齐。

### 【建议学时】

4 学时。

# 任务 1　输出英文歌词

## 【任务提出】

运用 PyCharm 开发工具编写 Python 程序,用代码的形式来输出 God is a girl 这首歌的歌词,输出要求如下。

1. 所有歌词居中显示。

2. 歌词起始和结束行分别为 Begin 和 End 表示。

3. 开始和结束行用横线填充空白部分,歌词片段用星号填充空白部分。

最终显示效果如图 4.1 所示。

图 4.1　英文歌词输出显示效果

## 【任务分析】

本任务为输出给定格式的英文歌词,因此需要通过创建字符串、格式化输出字符串来实现,具体的任务实施分析如下所示。

1. 创建 Python 程序 lyric.py。

2. 使用单引号分别将每行歌词创建为字符串,并使用转义字符处理字符串内的单引号等特殊字符。

3. 使用字符串格式化函数对每个字符串进行格式化处理,并逐行输出每一句歌词。

4. 运行测试程序,检验输出效果是否正确。

## 【知识准备】

视频讲解

## 4.1　字符串

### 4.1.1　字符串定义

字符串是由引号中的一系列字符构成的,所以定义一个字符串必须有两部分内容,即引号和字符。引号可以是单引号、双引号或三引号,需要注意的是引号必须成对使用;字符可以是字母、数字、运算符号、标点符号以及一些功能性的符号。字符串可以用来表示人的名字、手机号、学号、提示信息等。

例 4.1 字符串定义的示例代码如下所示。

```
name1 ='李明'                    #单引号方式创建
print(name1)                   #输出：李明
name2 ="李明"                    #双引号方式创建
print(name2)                   #输出：李明
name3 ='''李明'''                #三引号方式创建
print(name3)                   #输出：李明
phone_number ='15132998888'
print(phone_number)            #输出：15132998888
message ='请输入密码：'
print(message)                   #输出内容为请输入密码：
```

单引号、双引号和三引号创建字符串的应用场景不同，在正常开发中，程序员们通常使用单引号或双引号进行一般字符串的创建。为了方便，本任务使用单引号创建字符串，如果考虑到和其余编程语言风格的一致性，也可以使用双引号创建字符串。三引号由于书写不便，通常用于复杂字符串的创建，例如，字符串中包含换行符、制表符或其他特殊字符时，可以使用三引号来进行赋值，或是涉及多行字符串创建时也可以优先使用三引号。

对于字符串中的引号，在创建字符串时可以使用不同的引号处理。如果字符串中的是单引号，可以使用双引号或三引号进行创建。除此之外，还可以使用转义字符对字符串中引号等特殊情况进行处理，常见的转义字符如下所示。

- 单引号\'：用于在包含单引号的字符串中表示单引号。
- 双引号\"：用于在包含双引号的字符串中表示双引号。
- 换行符\n：用于表示新的一行开始。
- 制表符\t：用于表示一个制表位。
- 反斜杠\\：用于表示一个反斜杠字符本身。
- ASCII 码\xhh：用于表示一个十六进制的 ASCII 码。例如，\x41 代表大写字母 A。
- 八进制\ooo：用于表示一个八进制的 ASCII 码。例如，\101 代表大写字母 A。
- 回退\r：用于表示回退至当前行的开始。

例 4.2 使用转义字符，示例代码如下所示。

```
#处理 What's your name?
str1 ='What\'s your name?'          #转义字符表示
print(str1)
str1 ="What's your name? "          #双引号区分表示
print(str1)
str1 ='''What's your name? '''       #三引号区分表示
print(str1)
#处理路径 D:\Python
str2 ='D:\\Python'                   #\\表示单个\
print(str2)
```

```
str2 = r'D:\\Python '              #字符串前加 r 或 R 表示关闭转义
print(str2)
str3 = 'Hello,\n\tJudy.'           #加转义字符处理
print(str3)
str3 = '''Hello,
        Judy.'''                   #三引号进行原格式输出
print(str3)
```

运行结果如下所示。

```
What's your name?
What's your name?
What's your name?
D:\Python
D:\\Python
Hello,
        Judy.
Hello,
        Judy.
```

### 4.1.2  字符串转换

Python 中除了可以用引号创建字符串外,还可以使用 str 函数将其他数据类型转换为字符串。Python 的基本数据类型除了数值型(整型、浮点数、布尔值),还有列表、元组、集合和字典等类型,这些类型都可以转换为字符串。

例 4.3  数值类型转换为字符串,示例代码如下所示。

```
a=10                               #整型
b=10.123                           #浮点型
c=True                             #布尔型
#分别对上述类型调用字符串转换函数
str_a=str(a)
str_b=str(b)
str_c=str(c)
print(str_a,str_b,str_c)           #输出: 10 10.123 True
```

例 4.4  其他类型转换为字符串,示例代码如下所示。

```
tuple1 = (1, 2, 3)                 #元组
list1 =[1, 2, 3]                   #列表
set1 ={1, 2, 3}                    #集合
dict1={1:10, 2:'nihao', 3:[1, 2, 3]}  #字典
str_tuple =str(tuple1)
str_list =str(list1)
str_set =str(set1)
srt_dict=str(dict1)
print(str_tuple)                   #输出: (1, 2, 3)
```

```
print(str_list)              #输出：[1, 2, 3]
print(str_set)               #输出：{1, 2, 3}
print(srt_dict)              #输出：{1: 10, 2: 'nihao', 3: [1, 2, 3]}
```

通过上述结果可知，列表、元组、集合和字典都可以转换为字符串类型，并且转换时这些类型的值和表征类型的标点符号都会按顺序转换为字符串的值。

Python 中的字符串是不可变类型，意味着不能修改字符串的内容。如果试图"修改"字符串，Python 会创建一个新的字符串对象，而原来的字符串对象则保持不变。

例 4.5　字符串不可变性，示例代码如下所示。

```
str1 ='Python'              #定义一个字符串 str1,值为 Python
str1[0] ='A'               #将字符串 str1 第一个字符 P 修改为 A
```

运行代码，此时会出现如下所示的错误提示，表示 Python 不支持通过赋值的方式直接修改字符串中某个字符元素。

```
TypeError: 'str' object does not support item assignment
```

例 4.6　字符串不可变性，示例代码如下所示。

```
str1 ='Python'              #定义一个字符串 str1,值为 Python
str_id1 =id(str1)          #id 函数返回 str1 占用的内存地址
str1 ='Aython'             #将字符串 str1 的值替换为 Aython
str_id2 =id(str1)          #id 函数返回重新赋值后的 str1 占用的内存地址
print(str1)                #输出：Aython
print(str_id1)             #输出：1403585127344
print(str_id2)             #输出：1403585137520
```

上述结果中，str1 前后两个值所对应的内存地址 str_id1 和 str_id2 不一样。由此可以看出，虽然字符串 str1 的变量名没变，但是其指向的字符串却发生了改变，实际上是用新字符串 Aython 直接替换了旧字符串 Python，而不是原字符串 Python 本身的改变。

这也说明虽然字符串无法直接被修改，但是可以通过替换的方式间接进行修改。除此之外，还可以通过字符串拼接生成新字符串的方式来修改。

## 4.2　字符串格式化

视频讲解

在 Python 中，字符串格式化是一个常见的操作，它允许将变量或表达式的值嵌入字符串中的特定位置。常用的字符串格式化方法主要有占位符法、format 函数法以及 f-string 法。占位符法是 Python 诞生之初便提供的格式化方法，它的用法和 C 语言中的用法非常相似，format()方法在 Python 2.6 中引入，f-string 法在 Python 3.6 版本中开始出现。

### 4.2.1　占位符法

占位符法使用%来实现，基本语法格式如下所示。

格式字符串%(值1,值2,…)

Python 会将%右侧的值逐个按照格式字符串中的规则进行格式化转化,如果%右侧只有一个值,则不需要使用圆括号和逗号分隔符。

其中,格式字符串由普通字符和格式说明符组成,普通字符直接原文输出,格式说明符由用户指定字符串的格式化规则,格式说明符的数目必须与%右侧的值数目相同。每个格式说明符都必须以%开头,基本形式如下所示。

%[flags][width][.precision]type

语法格式说明如下所示。

- flags:用于设置字符串输出的对齐方式和填充字符。例如,+表示总是显示符号(正号或负号),-表示左对齐输出,0 表示用零填充空白,空格表示在正数前添加空格。
- width:指定输出的最小字符数,如果实际数据少于 width,输出会被填充。
- .precision:对于浮点数表示小数点后的位数;对于字符串表示最大字符数;对于整数则忽略。
- type:转换说明符,指定如何格式化数据。常见的转换说明符如表 4.1 所示。

表 4.1  常见的转换说明符

| 转换说明符 | 说　　明 | 转换说明符 | 说　　明 |
|---|---|---|---|
| d、i | 转换为带符号的十进制整数 | r | 转换为字符串(使用 repr 函数) |
| o | 转换为带符号的八进制整数 | s | 转换为字符串(使用 str 函数) |
| x、X | 转换为带符号的十六进制整数(x 小写/X 大写) | g、G | 结合浮点数和科学记数法表示的浮点数,由系统自行决定 |
| e、E | 转换为科学记数法表示的浮点数(e 小写/E 大写) | c | 单个字符,替换成只有一个字符的字符串 |
| f、F | 转换为十进制浮点数,默认 6 位小数 | u | 无符号整数 |

例 4.7  使用占位符的示例代码如下所示。

```
#整数格式化
num =56789
print("%10d" %num)          #输出:'     56789'(总共 10 个字符宽,右对齐)
print("%-10d" %num)         #输出:'56789     '(总共 10 个字符宽,左对齐)
print("%010d" %num)         #输出:'0000056789'(总共 10 个字符宽,用 0 填充)
#浮点数格式化
pi =3.1415926
print("%.2f" %pi)           #输出:'3.14'(保留两位小数)
print("%10.2f" %pi)         #输出:'      3.14'(总共 10 个字符宽,保留两位小数)
#字符串格式化
s ="python"
```

```
print("%10s" % s)              #输出：'   python'(总共 10 个字符宽，右对齐)
print("%-10s" % s)             #输出：'python   '(总共 10 个字符宽，左对齐)
print("%.5s" % s)              #输出：'pytho'(最多 5 个字符)
#使用标志
print("+%d %+d %-d" % (10, -10, 10))   #输出：'+10 -10 10   '(正数前的`+`和空格)
```

### 4.2.2　format 方法

在 Python 中，format()方法是格式化字符串的常用方法，通过传入参数对输出项进行格式化，基本语法格式如下所示。

```
格式字符串.format(值 1,值 2,值 3…)
```

其中，格式字符串由普通字符和格式字段组成。普通字符直接原文输出，格式字段用于设置转换格式，format()方法中的参数值都将按照格式字段中的规则进行格式化转换。

格式字段使用花括号{}括起来，其基本形式如下所示。

```
{[序号或参数]:格式说明符}
```

其中，序号是可选项，用于指定输出顺序，0 表示第一个输出，1 表示第二个输出，以此类推。如果没有指定序号，则按顺序输出。

例 4.8　序号格式化，示例代码如下所示。

```
x='{1} >{0} >{2}'.format('A','B','C')    #带序号
print(x)                                  #输出：B >A >C
x='{} >{} >{}'.format('A','B','C')        #不带序号
print(x)                                  #输出：A >B >C
```

参数也是可选项，用于指定参数的名称或字典的键值，format 方法会按照参数的顺序一一替换参数对应的值。

例 4.9　参数格式化，示例代码如下所示。

```
x='{x} is a {y}'.format(x='tom',y='boy')   #设置参数
print(x)                                    #输出：tom is a boy
```

格式说明符以冒号开头，基本形式如下所示。

```
:[[fill[align][sign][width][.precision][type]
```

上述的每一个选项的具体说明如下所示。

- fill：填充符，可以是任何字符，默认是空格，须与对齐方式组合使用。
- align：对齐方式，<表示左对齐、>表示右对齐、^表示居中对齐，默认右对齐。
- sign：符号表示，仅用于数字。＋表示正数也要显示符号、－表示仅负数显示符号、空格表示正数前加空格。
- width：指定输出的最小字符数，如果实际数据少于 width，输出会被填充。

- .precision：精度，对于浮点型表示小数点前后显示的位数，对于非数值型表示字符串最大长度。
- type：指定值的格式化类型。例如，s 表示字符串、d 表示整数、f 表示浮点数等。

例 4.10    format 方法格式化输出，示例代码如下所示。

```
print('{: * ^15}'.format('Python'))              #中心对齐,宽度 15,填充 *
print('{:>010}'.format(12))                      #右对齐,宽度 10,填充 0
print('{:-^+12.3f}'.format(3.1415926535))
                                                 #保留+号,居中对齐,填充-,宽度 12,小数点后 3 位数字
print ('{:-^12.3}'.format('Python'))             #居中对齐,填充-,宽度 12,输出长度为 3
```

运行结果如下所示。

```
****Python*****
0000000012
---+3.142---
----Pyt-----
```

### 4.2.3    f-string 法

Python 在 3.6 版本中引入了 f-string 来进行字符串格式化操作,该方法是在字符串前加上一个小写的 f 或大写的 F,然后在花括号{}中嵌入表达式。这些表达式会在运行时求值,并将其结果转换为字符串,然后插入字符串的相应位置,基本语法格式如下所示。

```
f'{表达式[=][:格式说明符]}'
```

其中,表达式可以是常量、变量、计算公式或者函数调用等,"="和格式说明符都是可选的,格式说明符的用途与 format()方法中的格式说明符用法基本一致。

注意：花括号内的引号不能与花括号外的引号冲突,可以灵活使用单引号、双引号和三引号。

例 4.11    f-string 格式化,示例代码如下所示。

```
name ='河北科工大'
url =  'http://www.xpc.edu.cn/'
print(f'{name}的网址是{url}。')                    #格式化字符串
a =15
b =10
print(f"{a}和{b}的和是：{a +b}。")                 #嵌入计算公式
price =29.49
print(f"购买的商品价格是：{price:.1f}。")            #使用格式说明符
print(f"{price =:08.1f} ")                        #使用=和格式说明符
is_eat =True
print(f"你吃饭了吗? {'吃了' if is_eat else '没吃'}。")  #使用 f-string 进行条件格式化
print(f'''He said{" I'm a doctor."}''')           #使用三引号、双引号和单引号
```

运行结果如下所示。

河北科工大的网址是 http://www.xpc.edu.cn/。
15 和 10 的和是： 25。
购买的商品价格是： 29.5。
price =000029.5
你吃饭了吗? 吃了。
He said I'm a doctor.

注意：如果不添加 f 时，字符串以及花括号中的内容会以原样输出。

## 【任务实现】

**1. 分析代码**

通过观察可以得出，想要实现这个任务，首先要确定字符串格式化输出的方法，这里可以选用 format()方法；其次，需要针对歌词中的特殊部分进行处理，这段歌词中涉及的特殊部分有单引号、填充字符和居中处理，对于单引号可以采用转义字符进行处理，填充字符和居中可以利用 format 函数的相关属性进行处理；最后，采用 print()函数进行歌词输出。

视频讲解

**2. 编写代码**

（1）启动 PyCharm，选择菜单 File→New Project，指定项目位置为 D:\Chapter04。

（2）右击项目文件夹 Chapter04，在弹出的快捷菜单中选择 New→Python File，在弹出的新建 Python 文件对话框中输入文件名 lyric，类别为 Python file。

（3）在 lyric.py 文件的代码编辑窗口，输入如下语句。

```
s1='Begin'
s2='God is a girl.'
s3='She\'s only a girl,'
s4='Do you believe it ?'
s5='Can you receive it?'
s6='She wants to shine, forever in time.'
s7='End'
print('{:-^50}'.format(s1))
print('{:＊^50}'.format(s2))
print('{:＊^50}'.format(s3))
print('{:＊^50}'.format(s4))
print('{:＊^50}'.format(s5))
print('{:＊^50}'.format(s6))
print('{:-^50}'.format(s7))
```

代码实现过程中，为了方便处理，可以将每一句话定义为一个字符串，在这里统一设置每行歌词的长度为 50。

（4）按快捷键 Ctrl＋Shift＋F10 运行当前程序，可以在底部的结果窗格中查看运行结果。

## 【任务总结】

通过本任务的学习,读者可以系统掌握 Python 中字符串的创建、转化和格式化输出等方法。在使用字符串时需注意以下几点。

- 字符串的创建有三种方式:单引号、双引号和三引号。在创建一般字符串时,优先使用单引号和双引号。三引号可以直接创建多行字符串。
- 字符串中的某些字符具有特殊含义,例如换行符(\n)、制表符(\t)、反斜杠(\\)等。如果要在字符串中包含这些特殊字符的字面值,需要使用反斜杠(\)作为转义字符。如果不需要使用转义字符,可以在字符串前加上 r 或 R 来创建原始字符串。在原始字符串中,反斜杠(\)被视为普通字符。
- 字符串是不可变的,这意味着不能修改字符串中的某个字符。任何看似修改字符串的操作,实际上都是创建了一个新的字符串。
- 在尝试将对象转换为字符串之前,最好是先检查其类型,避免在对不可转换为字符串的对象进行转换时引发异常。一般情况下,可以将数值型、列表、元组、集合和字典等五大类型转化为字符串类型。
- 格式化字符串时,需要确保占位符与提供的参数匹配、顺序一致。
- 在 format()方法中,可以使用格式化类型(例如,.2f 用于浮点数)来指定值的显示方式,需确保格式化类型与值的类型相匹配。
- f-string 允许在字符串中直接嵌入 Python 表达式,需确保嵌入的表达式是有效的,并且不会产生意外的副作用。

## 【巩固练习】

一、选择题

1. 下列选项中不能用来创建字符串的是(    )。

    A. 单引号　　　　　　B. 双引号　　　　　　C. 三引号　　　　　　D. 花括号

2. 下列关于字符串中的字符说法不正确的是(    )。

    A. 字符可以是字母　　　　　　　　B. 字符可以是数字

    C. 字符是 Python 中的一个变量类型　　　D. 字符可以看作长度为 1 的字符串

3. 下列选项中,(    )可以将其他类型对象转换为字符串。

    A. print()　　　　　　B. type()　　　　　　C. input()　　　　　　D. str()

4. 下面程序中,str1 的值为(    )。

```
list1 =[1,2,'3']
str1 =str(list1)
```

    A. '123'　　　　　　B. '1,2,3'　　　　　　C. "[1,2,'3']"　　　　D. '[1,2,3]'

5. 下面程序中,str1 的值为(    )。

```
list1 = {'a':2}
str1 = str(list1)
```

    A. 'a'                B. '{a:2}'             C. ':2'             D. "{'a':2}"

二、填空题

1. 下面程序的输出结果为_____。

```
name = '小明'
age = 20
print("%s 已经%x 岁了。" % (name, age))
```

2. 下面程序的输出结果为_____。

```
x = '{1} > {0} > {1}'.format('A','B','C')
print(x)
```

3. 下面程序的输出结果为_____。

```
print('{: * ^1}'.format('Python'))
```

4. 下面程序的输出结果为_____。

```
print('{:,}'.format(1234))
```

5. 下面程序的输出结果为_____。

```
name = '小明'
age = 20
print("%-10s 已经%d 岁了。" % (name, age))
```

三、编程题

1. 利用字符串创建方法创建个人简介，包含姓名、班级和学号，并使用 print() 函数输出。

2. 分别利用字符串格式化的三种方法在控制台输出姓名和学号，要求姓名居中显示，学号左对齐，字符串长度为 10。

# 【任务拓展】

1. 编写程序，使用字符串格式化方法和 print() 函数，利用 * 组成一个等腰梯形，梯形如图 4.2 所示。

2. 编写程序，使用所学的字符串创建和字符串格式化方法在控制台输出唐诗《溪居》，每一行都是左对齐，格式如图 4.3 所示。

《溪居》

\*\*\*\*\* 　　　　　　　唐·裴度

\*\*\*\*\*\*\* 　　　　　门径俯清溪，茅檐古木齐。

\*\*\*\*\*\*\*\*\* 　　　红尘飘不到，时有水禽啼。

图 4.2　梯形图案　　　　　　　图 4.3　输出格式

# 任务 2　用户名和密码提取

## 【任务提出】

数据在网络传输时都是遵照指定协议进行传输的，这时用户名和密码都会被连接在一个字符串中，因此当接收到网络数据时还需要从中提取出用户名和密码。例如，Python 连接海康威视的网络摄像头时遵循 RTSP 推流格式，即 URL 为 rtsp://username:password@ip:port/cam/realmonitor?channel=1&subtype=0，其中，username 为用户名，password 为密码。假设有一个正确的 URL，需要从中提取出用户名和密码，并对密码做如下处理：

1. 将密码中的 1 替换为 '*'，2 替换为 '—'。

2. 将小写字母替换为大写字母。

3. 将用户名和密码分两行输出，居中对齐，用户名两边用^填充。

测试用例如表 4.2 所示。

表 4.2　测试用例

| 测 试 用 例 | 输 出 结 果 |
|---|---|
| 'rtsp://admin:Admin34567889@192.168.0.224:554/h264/ch1/main/av_stream' | ^^^^^admin^^^^^ <br> ADMIN34567889 |
| 'rtsp://admin:Admin1111232224@192.168.0.224:554/h264/ch1/main/av_stream' | ^^^^^admin^^^^^ <br> ADMIN****—3---4 |

运用 PyCharm 开发工具编写 Python 程序，实现从 URL 中提取用户名和密码的功能。

## 【任务分析】

本任务主要实现的是从给定格式的字符串中提取出用户名密码，因此需要使用字符串分隔与拼接、字符串查找和替换、字符串大小写转换、字符串对齐等方法来实现。具体的任务实施分析如下所示。

1. 创建 Python 程序 get_user.py。

2. 对字符串进行分隔与拼接,得到用户名和密码。

3. 对字符串进行查找与替换,将密码中的数字替换为符号。

4. 对字符串大小写转换,将密码中的小写字母替换为大写字母。

5. 对字符串进行格式化输出。

6. 运行测试程序,检验输出内容和格式是否正确。

## 【知识准备】

### 4.3 字符串查找与替换

视频讲解

#### 4.3.1 字符串查找

Python 中常用的字符串查找方法有 find()、index()和 count()。

**1. find()方法**

find()方法可以查找子串在字符串中的位置,如果找到则返回该子串首次出现的位置,找不到则返回-1,其语法格式如下所示。

```
str1.find(str2, start, end)
```

其中,str1 是被查找的字符串,str2 是子串,start 和 end 分别为起始和结束位置参数,该位置参数是可选的,如果该参数存在,那么查找的索引范围为 start 到 end-1;如果不填,默认 start=0,end=len(str1)。

**2. index()方法**

index()方法的功能及用法和 find()方法几乎相同,唯一区别在于,index()方法在找不到子串时会抛出异常,建议优先使用 find()方法,其语法格式如下所示。

```
str1.index(str2, start, end)
```

**3. count()方法**

count()方法的功能在于查找子串在指定字符串中出现的次数,其语法格式如下所示。

```
str1. count(str2, start, end)
```

**例 4.12** 字符串查找,示例代码如下所示。

```
str1='Hello, World'
print(str1.count('l'))              #在 str1 整串中统计'l'的个数,输出: 3
print(str1.count('l', 0, 2))        #在'He'中统计'l'的个数,输出: 0
print(str1.find('l'))               #返回第一个'l'的位置,输出: 2
print(str1.find('l',0,2))
                    #在 str1 中查找'l',查找范围为'He',该范围内不包含'l',输出: -1
print(str1.index('l'))              #输出: 2
print(str1.index('l',0,2))          #index 在无法找到的情况下会报错
```

除了以上的字符串查找方法外,rfind()和 rindex()方法也可以用于字符串的查找。

### 4.3.2　字符串替换

Python 中最常用的字符串替换方法是 replace()方法,它的作用是用一个新的子串来替换原字符串中的某个子串,其语法格式如下所示。

```
str1.replace(old, new, [max])
```

其中,old 表示 str1 中需要被替换的子串部分,new 表示新的子串,max 表示最大替换次数。max 是可选参数,不填写时默认全部替换。

例 4.13　字符串替换,示例代码如下所示。

```
str1='Hello, World'
print(str1.replace('l', 'L'))
#将 str1 中的小写 l 全部换成大写的 L,输出:HeLLo, WorLd
print(str1.replace('l', 'L',1))
#将 str1 中的第一个小写 l 换成大写的 L,输出:HeLlo, World
```

可以看出当 max 参数省略时,replace 函数会执行全部替换;当 max 参数有值时,replace()方法会依据这个值从左到右依次进行替换。注意,str1 字符串在执行第一次replace 替换操作后,其值并未发生变化。

### 4.3.3　正则表达式

对于规则较为简单的替换操作,replace()方法简单易用。当替换规则较为复杂时,例如将字符串中的所有数字替换为1,replace()方法就无法实现了,此时可以考虑使用正则表达式来实现。

正则表达式是一种高效的文本处理工具,常用于字符串的查找和替换。Python 的正则表达式功能通过 re 模块实现,常用的方法主要有 match()、search()、findall()和 sub()等。

**1. match()方法**

match()方法是一种字符串匹配方法,该方法尝试从字符串的起始位置匹配,如果起始位置匹配成功返回匹配对象,否则返回 None。匹配对象的常用方法如表 4.3 所示。

表 4.3　匹配对象的常用方法

| 方　法　名 | 说　　　明 |
| --- | --- |
| group() | 返回匹配的字符串 |
| start() | 返回匹配的起始位置在目标字符串中的索引 |
| end() | 返回匹配的结束位置在目标字符串中的索引 |
| span() | 返回一个元组,包含匹配的起始位置和结束位置的索引 |

例 4.14　匹配对象的方法应用,示例代码如下所示。

```
import re
```

```
#参数 pattern 为字符串
result = re.match('hello', 'hello world hello')
print(result)
                #返回结果为对象,输出:<re.Match object; span=(0, 5), match='hello'>
print(result.group())        #返回匹配的字符串,输出: hello
print(result.start())        #返回起始位置索引,输出: 0
print(result.end())          #返回结束位置索引,输出: 5
print(result.span())         #返回起始位置和结束位置索引的元组,输出: (0, 5)
result1 = re.match('hello', 'world hello')
print(result1)               #输出: None
```

可以看出使用 match 方法匹配字符串时,只要被匹配的字符串不在目标字符串起始位置,哪怕目标字符串中含有该字符串也会返回 None。

match()方法的语法格式如下所示。

```
re.match(pattern, string, flags=0)
```

其中,参数 pattern 为匹配的正则表达式,参数 str 为要匹配的字符串,flags 为可选标志,用于控制正则表达式的匹配方式,详见表 4.4。

表 4.4 可选标志表

| 修　饰　符 | 说　　　明 |
| --- | --- |
| re.IGNORECASE 或 re.I | 使匹配对大小写不敏感 |
| re.MULTILINE 或 re.M | 多行匹配,影响^和$,使它们匹配字符串的每一行的开头和结尾 |
| re.DOTALL 或 re.S | 使 . 匹配包括换行符在内的任意字符 |
| re.ASCII | 使 \w, \W, \b, \B, \d, \D, \s, \S 仅匹配 ASCII 字符 |
| re.VERBOSE 或 re.X | 忽略空格和注释,可以更清晰地组织复杂的正则表达式 |

例 4.15　使用标志(flags),示例代码如下所示。

```
import re
#使用 IGNORECASE 标志进行不区分大小写的匹配
text = "Hello World"
pattern = r'hello'
match = re.search(pattern, text, re.IGNORECASE)
print( match.group())                #输出: Hello
```

参数 pattern 可以是字符串,也可以包含特殊字符和元字符等可选参数用于指定匹配模式,可选模式参数详见表 4.5。

表 4.5 可选模式参数表

| 模　式 | 说　　　明 |
| --- | --- |
| ^ | 匹配字符串的开头 |
| $ | 匹配字符串的末尾 |

续表

| 模　式 | 说　　明 |
|---|---|
| . | 匹配任意字符,除换行符外;当指定 re.DOTALL 标志时,可以匹配包括换行符的任意字符 |
| [...] | 用来表示一组字符,单独列出:[amk] 匹配 'a','m'或'k' |
| [^...] | 匹配不在[]中的字符,例如,[^abc] 匹配除了 a,b,c 之外的字符 |
| * | 匹配 0 个或多个的表达式 |
| + | 匹配 1 个或多个的表达式 |
| ? | 匹配 0 个或 1 个由前面的正则表达式定义的片段,非贪婪方式 |
| {n} | 匹配 n 个前面表达式,例如,"o{2}"不能匹配"Bob"中的"o",但是能匹配"food"中的两个 o |
| {n,} | 精确匹配 n 个前面表达式,例如,"o{2,}"不能匹配"Bob"中的"o",但能匹配"foooood"中的所有 o;"o{1,}"等价于"o+","o{0,}"则等价于"o * " |
| {n,m} | 匹配 n 到 m 次由前面的正则表达式定义的片段,贪婪方式 |
| a\|b | 匹配 a 或 b |
| (re) | 匹配括号内的表达式,也表示一个组 |
| (? imx) | 正则表达式包含三种可选标志:i、m、x,只影响括号中的区域 |
| (? -imx) | 正则表达式关闭 i、m、x 可选标志,只影响括号中的区域 |
| (?: re) | 类似 (...),但是不表示一个组 |
| (? imx: re) | 在括号中使用 i、m、x 可选标志 |
| (? -imx: re) | 在括号中不使用 i、m、x 可选标志 |
| (? #...) | 注释 |
| (? = re) | 前向肯定界定符。如果所含正则表达式,以 ... 表示,在当前位置成功匹配时成功,否则失败。一旦所含表达式已经尝试,匹配引擎根本没有提高;模式的剩余部分还要尝试界定符的右边 |
| (?! re) | 前向否定界定符。与肯定界定符相反,当所含表达式不能在字符串当前位置匹配时成功 |
| (? > re) | 匹配的独立模式,省去回溯 |
| \w | 匹配数字字母下画线 |
| \W | 匹配非数字字母下画线 |
| \s | 匹配任意空白字符,等价于 [\t\n\r\f] |
| \S | 匹配任意非空字符 |
| \d | 匹配任意数字,等价于 [0-9] |
| \D | 匹配任意非数字 |
| \A | 匹配字符串开始 |
| \Z | 匹配字符串结束,如果存在换行,只匹配到换行前的结束字符串 |
| \z | 匹配字符串结束 |
| \G | 匹配最后匹配完成的位置 |

| 模 式 | 说 明 |
|---|---|
| \b | 匹配一个单词边界,也就是指单词和空格间的位置,例如,'er\b' 可以匹配"never"中的'er',但不能匹配 "verb"中的 'er' |
| \B | 匹配非单词边界,例如,'er\B' 能匹配 "verb" 中的 'er',但不能匹配 "never" 中的 'er' |
| \n, \t,等 | 匹配一个换行符,匹配一个制表符等 |
| \1...\9 | 匹配第 n 个分组的内容 |
| \10 | 匹配第 n 个分组的内容,如果它经匹配。否则指的是八进制字符码的表达式 |

例 4.16　使用模式参数匹配,示例代码如下所示。

```
import re
#匹配邮箱地址并捕获用户名和域名部分
text ="contact@example.com"
pattern =r'(\w+)@(\w+\.\w+)'
match =re.match(pattern, text)
username =match.group(1)
domain =match.group(2)
print("Username:", username)        #输出: Username: contact
print("Domain:", domain)            #输出: Domain: example.com
#匹配以数字开头的数字串
text ="123abc def456"
pattern =r'^\d+'
match =re.match(pattern, text)
print(match.group())                #输出: 123
```

**2. search()方法**

search()方法会扫描整个字符串来查找匹配项,如果字符串中的任何位置与模式匹配,返回第一个匹配对象;否则,返回 None。语法格式和参数用法均与 match()方法相同。

例 4.17　search()方法应用,示例代码如下所示。

```
import re
result =re.search('hello', 'world hello')
print(result)                  #输出:<re.Match object; span=(6, 11), match='hello'>
result1 =re.search('\D', 'world hello')       #搜索第一个非数字
print(result1.group())                        #输出: w
```

相比于 match()方法,research()方法不要求目标字符串起始位置必须匹配,而是目标字符串中包含匹配字符串即可。需要注意的是,research()方法只会返回第一个成功的匹配对象。

**3. findall()方法**

findall()方法会扫描整个目标字符串并返回所有成功的匹配字符串,语法格式和参数用法均与 match()方法相同。

例 4.18　findall()方法应用,示例代码如下所示。

```
import re
#查找字符串中所有的数字串
text = "123abc 456edf."
pattern = r'\d+'
matches = re.findall(pattern, text)
print(matches)              #输出：['123', '456']
```

**4. sub()方法**

sub()用于在字符串中查找匹配正则表达式的部分，并将其替换为指定的字符串，语法格式如下所示。

```
re.sub(pattern, repl, string, count=0, flags=0)
```

其中，参数 repl 为替换的字符串；count 为可选参数，表示最大的替换次数，默认为 0，表示全部替换；其余参数与 match()方法用法一致。

例 4.19　sub()方法应用，示例代码如下所示。

```
import re
result = re.sub('hello','hi', 'hello world hello')
print(result)                              #输出：hi world hi
result1 = re.sub('hello','hi', 'hello world hello',1)
print(result1)                             #输出：hi world hello
result2 = re.sub('\D', '*', 'hello world 123')
print(result2)                             #输出：***********123
```

## 4.4　字符串分隔与拼接

### 4.4.1　字符串分隔

在 Python 中，字符串分隔指的是将一个字符串按照指定的分隔符（或模式）拆分成多个子字符串的过程。这些子字符串通常会被存储在一个列表或其他数据结构中，以便于进一步处理或分析。常用的字符串分隔方法是 split()，它可以将字符串分隔为序列，语法格式如下所示。

```
str1.split(separator, num)
```

其中，separator 是分隔符，可选参数，默认使用空格进行分隔；num 是分隔次数，可选参数，默认全部分隔，如果设置了分隔次数，就会从左开始将字符串进行 num 次分隔，最后会得到 num+1 个子串。需要注意的是，分隔符不会被保留在最终的结果中。

例 4.20　字符串分隔，示例代码如下所示。

```
str1='Hello,  World'
#默认分隔，此时会按空格进行全部分隔
print(str1.split())                        #输出：['Hello,', 'World']
#按'-'进行全部分隔，此时 str1 中不包含'-',所以会将 str1 转换为列表
print(str1.split('-'))                     #输出：['Hello,  World']
```

```
#按'l'进行全部分隔,此时 str1 被分隔为 4 部分
print(str1.split('l'))              #输出: ['He', '', 'o, Wor', 'd']
#按左边第一个'l'进行分隔,此时 str1 被分隔为 2 部分
print(str1.split('l',1))            #输出: ['He', 'lo, World']
```

除了 split()方法外,rsplit()和 splitlines()方法也可以用于字符串分隔,其用法与 split()基本相同。

### 4.4.2 字符串拼接

在 Python 中,字符串拼接是指将两个或多个字符串连接在一起形成一个新的字符串的过程。通常用于组合文本、构建消息或生成更长的字符串。字符串的拼接通常可以使用加号(+)法和 join()方法。

1. 加号法可以直接将两个字符串用加号连接起来。

2. join()方法则可以连接序列中的元素形成新的字符串,也可以看作是 split()方法的逆方法,语法格式如下所示。

```
con.join(seq)
```

其中,con 为连接符,用来连接序列中各个元素所用的字符,seq 为序列。

例 4.21 字符串拼接,示例如下所示。

```
str1='Hello'
str2='World'
str3=str1+','+str2          #加号法会将+两端的字符串直接拼接
print(str3)                 #输出: Hello,World
seq=['1','2','3']
str4='+'.join(seq)          #在每两个序列元素之间添加连接符+
print(str4)                 #输出: 1+2+3
```

例 4.22 空白文本去除,示例代码如下所示。

```
#《劝学》
poetry_qx1 ='三更灯火五  更鸡,    正是 男儿发愤时。黑发 不知勤学早,白首 方 悔 读书迟'
print(poetry_qx1)
poetry_qx2 =poetry_qx1.split()      #split()方法默认的分隔符是空格
print(poetry_qx2)
poetry_qx3 =''.join(poetry_qx2)     #直接拼接序列中的各元素
print(poetry_qx3)
```

上述代码中,用 split()方法以空格作为分隔符,将字符串 poetry_qx1 分隔为序列 poetry_qx2,再用 join()方法直接拼接序列中的各个子字符串元素,从而达到消除字符串中空格的目的,运行结果如图 4.4 所示。

```
三更灯火五  更鸡,    正是 男儿发愤时。黑发 不知勤学早,白首 方 悔 读书迟
['三更灯火五', '更鸡,', '正是', '男儿发愤时。黑发', '不知勤学早,白首', '方', '悔', '读书迟']
三更灯火五更鸡,正是男儿发愤时。黑发不知勤学早,白首方悔读书迟
```

图 4.4 空白文本去除

## 4.5　字符串大小写转换

Python 中常用的大小写转换方法主要有五种,它们的具体用法如表 4.6 所示。

表 4.6　字符串大小写转换的方法

| 方法名称 | 示　例 | 说　明 |
|---|---|---|
| lower | str1.lower() | 将字符串变为小写 |
| upper | str1.upper() | 将字符串变为大写 |
| capitalize | str1.capitalize() | 将字符串首字母大写,其余小写 |
| title | str1.title() | 将字符串中所有单词首字母变为大写,其余小写 |
| swapcase | str1.swapcase() | 将字符串大写变为小写,小写变为大写 |

**例 4.23**　字符串大小写转换,示例代码如下所示。

```
str1 ='Hi, my name is Judy'
print(str1.lower())        #输出: 'hi, my name is judy'
print(str1.upper())        #输出: ' HI, MY NAME IS JUDY '
print(str1.capitalize())   #输出: ' Hi, my name is judy '
print(str1.title())        #输出: ' Hi, My Name Is Judy '
print(str1.swapcase())     #输出: ' hI, MY NAME IS jUDY '
```

字符串的大小写转换除了可以采用以上方法进行处理外,还可以根据每个字符 ASCII 码值的差异通过加减法实现。

**例 4.24**　ASCII 实现大小写转换,示例代码如下所示。

```
#大小写字母转换
str1 ='a'
str2 =chr(ord('a') - 32)    #ord 函数将字母转换为 ASCII 值
str3 =chr(ord(str2) +32)    #chr 函数将 ASCII 值转换为对应的字母
print("str1: "+str1 )       #输出 str1: a
print("str2: "+str2 )       #输出 str2: A
print("str3: "+str3 )       #输出 str3: a
```

## 4.6　字符串对齐

Python 中常用的字符串对齐方法主要有三种,即左对齐 ljust()方法、右对齐 rjust()方法、居中对齐 center()方法,具体用法如表 4.7 所示。

表 4.7　字符串对齐的三种方法

| 方　法 | 示　例 | 说　明 |
|---|---|---|
| ljust(width,fillchar) | str1.ljust(30, '-') | 将字符串左对齐,width 为字符宽度,fillchar 为填充字符 |
| rjust(width,fillchar) | str1.rjust(30, '-') | 将字符串右对齐,参数同上 |
| center(width,fillchar) | str1.center(30, '-') | 将字符串中心对齐,参数同上 |

例 4.25 字符串对齐,示例如下所示。

```
str1 ='Hi, my name is Judy'
#将 str1 设置为左对齐,宽度 30,剩余部分用'-'填充
print(str1.ljust(30,'-'))                #输出: 'Hi, my name is Judy-----------'
#将 str1 设置为右对齐,宽度 30,剩余部分用'*'填充
print(str1.rjust(30,'*'))                #输出: 'Hi, my name is Judy-----------'
#将 str1 设置为居中对齐,宽度 30,剩余部分用'^'填充
print(str1.center(30,'^'))               #输出:  '^^^^^Hi, my name is Judy^^^^^^'
```

## 【任务实现】

**1. 分析代码**

首先,通过字符串分隔方法 split()得到用户名和密码;其次,使用字符串替换 replace() 方法将密码中的数字替换为字符;接着,使用字符串小写转大写方法 upper()将密码中的小写字母转换为大写;最后,使用字符串居中方法 center()将用户名和密码居中对齐,并使用 print()函数输出。

视频讲解

**2. 编写代码**

(1) 启动 PyCharm,右击项目文件夹 Chapter04,在弹出的快捷菜单中选择 New→ Python File,在弹出的新建 Python 文件对话框中输入文件名 get_user,类别为 Python file。

(2) 在 get_user.py 文件的代码编辑窗口,输入如下代码。

```
#用户输入指定字符串
str1=input('请输入给定格式字符串:')
#三次分隔得到用户名和密码
#['rtsp://admin:Admin34567889','192.168.0.224:554/h264/ch1/main/av_stream']
str_split=str1.split('@')[0]
str_split2=str_split.split('//')[1]    #['rtsp:','admin:Admin34567889']
user_name,pass_word=str_split2.split(':')
#数字替换为符号
pass_word=pass_word.replace('1','*')
pass_word=pass_word.replace('2','-')
#小写字母转换为大写
pass_word=pass_word.upper()
#居中输出用户名和密码,并用'^'填充多余部分
print('输出结果为:')
print(user_name.center(len(pass_word),'^'))
print(pass_word)
```

(3) 按快捷键 Ctrl+Shift+F10 运行当前程序,可以在底部的结果窗格中查看运行结果,如图 4.5 所示。

请输入给定格式字符串: *'rtsp://admin:Admin34567889@192.168.0.224:554/h264/ch1/main/av_stream'*
输出结果为:
^^^^^admin^^^^
ADMIN34567889

图 4.5 运行结果

## 【任务总结】

通过本任务的学习,读者可以系统地掌握 Python 中字符串查找与替换、字符串分隔与拼接、字符串大小写转换、字符串对齐以及正则表达式的应用。在使用过程中需要注意以下几点。

- Python 提供了多种字符串查找方法,例如前文中提到的 find()、index()方法,还有 in 关键字、startswith()、endswith()等,需要根据具体需求选择合适的方法。例如,find()和 index()都会返回子字符串首次出现的索引,但 index()在找不到子字符串时会抛出异常,而 find()则会返回−1。

- 字符串查找与替换默认是区分大小写的。如果需要执行不区分大小写的查找与替换,可以先将字符串转换为全部大写或全部小写,然后再进行查找替换。

- Python 中的字符串是不可变的,这意味着不能直接修改字符串中的某个字符或子串。当使用替换方法(如 str.replace())时,实际上是在创建一个新的字符串,原字符串不会被改变。

- str.replace()方法默认替换字符串中所有匹配的子串。如果只想替换第一个匹配项,需要传递一个额外的参数来指定最大替换次数。

- 如果替换的字符串包含特殊字符(如正则表达式中的元字符),需要确保这些字符在替换操作中被正确处理。通常,在普通的字符串替换中不需要担心这个问题,因为 str.replace()方法不会对特殊字符进行特殊处理。但是,如果使用正则表达式进行替换,就需要对特殊字符进行转义。

- 使用空字符串""作为替换值可以有效地删除字符串中的特定子串。这是删除字符串中不需要的字符或子串的一种常用方法。

- 当使用 split()方法进行字符串分隔时,需要指定一个分隔符。如果不指定分隔符,split()会默认在所有的空白字符(包括空格、换行符、制表符等)处进行分隔。如果字符串中不存在指定的分隔符,split()方法会返回只包含原始字符串的列表。split()方法返回的是一个字符串列表。

- 当需要拼接大量字符串时,使用加号(+)操作符可能会导致性能问题,因为每次拼接都会创建一个新的字符串对象。为了提高性能,可以考虑使用 join()方法或格式化字符串(如 f-string)。

- 确保正在拼接的是字符串类型的数据。如果尝试将非字符串类型(如整数或列表)与字符串拼接,Python 会抛出类型错误异常。需要先将非字符串类型转换为字符串,然后再进行拼接。

- 正则表达式使用了一些特殊字符,例如.、*、?、+、^、$、|和()等。当这些字符出现在需要匹配的文本中时,它们会被解释为正则表达式的特殊含义。为了避免这种情况,需要使用反斜杠\对这些字符进行转义。

- 正则表达式默认是贪婪匹配,即它会尽可能多地匹配字符。在某些情况下,可能需要非贪婪匹配(也称为懒惰匹配),即尽可能少地匹配字符。这可以通过在 *、+、? 或{m,n}后面添加字符? 来实现。

- 默认情况下,^和$分别匹配字符串的开始和结束。如果需要处理多行文本,并希望^和$分别匹配每一行的开始和结束,需要使用 re.MULTILINE 标志。
- 在 Python 中,反斜杠\是一个特殊字符,用于转义其他字符。当在正则表达式中使用\时,Python 会首先解释它,这可能导致混淆。为了避免这个问题,可以在字符串前加上 r 或 R 来指定它是一个原始字符串,这样 Python 就不会处理反斜杠作为特殊字符了。
- 使用\b 来匹配单词边界,可以更精确地匹配整个单词而不是单词的一部分。

除了熟练掌握本任务中介绍的字符串方法外,还可以通过 Python 官方文档进行字符串的扩展学习。

## 【巩固练习】

一、选择题

1. 执行下列代码,输出结果为(　　)。

```
str1='Hello,World'
print(str1.find('o',0,4))
```

　　A. 5　　　　　　　B. 4　　　　　　　C. −1　　　　　　　D. 报错

2. 执行下列代码,输出结果为(　　)。

```
str1='Hi, Anna'
print(str1.replace('a','A'))
```

　　A. Hi, Anna　　B. Hi, anna　　C. Hi, AnnA　　D. Hi, annA

3. 执行下列代码,输出结果为(　　)。

```
str1='Hi, Anna'
print(str1.split('A'))
```

　　A. ['Hi', ', Anna']　　B. ['Hi, ', nna']　　C. ['Hi', ', nn',' ']　　D. 'Hi', ', nn'

4. 执行下列代码,输出结果为(　　)。

```
str1='Hi'
print(str1+1)
```

　　A. 'Hi+1'　　　　B. 'Hi1'　　　　C. Hi1　　　　D. 报错

5. 执行下列代码,输出结果为(　　)。

```
str1 ='Hi'
str1.lower()
print(str1)
```

　　A. 'hi'　　　　B. 'Hi'　　　　C. 'hL'　　　　D. 'HL'

二、填空题

1. 有一个字符串 str1,将其设置为左对齐,输出宽度为 20 的语句为_____。

2. 有一个字符串 str1,将其中的第一个数字全部替换为 * 的语句为_____。

3. 有一个字符串 str1,将其中的所有数字替换为 & 的语句为_____。

4. 有一个字符串 str1,验证其是否以数字开头的语句为_____。

5. 有一个字符串 str1,检测其是否只由数字和字母组成的语句为_____。

三、编程题

1. 编写程序,输入一个字符串,统计字母 a 出现的次数。

2. 编写程序,输入一个字符串,将字符串中的数字全部替换为 *。

3. 编写程序,输入一个字符串,将字符串中的小写字母提取出来并拼接为一个新的字符串。

## 【任务拓展】

1. 编写程序,判断用户设置的密码是否符合要求。密码由键盘输入,密码要求如下。

(1) 密码长度不小于 8。

(2) 密码必须由数字、大写字母、小写字母及特殊字符(仅限:～! @ # $ % ^ & * ()_ =-/,.? <>;:[]{}|\)中的 3 种组成。

2. 编写程序,实现字符串查找、拼接功能,要求如下。

(1) 通过键盘输入一个字符串 str1。

(2) 通过键盘输入一个只有一个字符的子串 str2。

(3) 找到 str2 在 str1 中的所有索引,并将这些索引拼接为一个字符串 strIndex。

# 项目 5

# 列表与元组应用

在 Python 编程中,经常会出现需要存储、处理一系列相关数据项的情况,例如,一系列相关数字,一个人相关的姓名、年龄和地址等,用简单的数据类型处理起来难度较大,需要定义很多的变量,效率和性能都偏低。此时,可以借助 Python 中的列表(list)或者元组(tuple)来进行数据的批量处理。列表和元组是 Python 编程时经常使用的数据类型,它们提供了存储和操作一系列数据的能力,能有效支持各种应用开发需求。

在本项目中,通过完成三个具体的任务——演讲比赛评分系统、快递超市管理系统和中文数字对照表,来系统学习列表的创建、列表元素的访问、列表元素的修改、元组的创建、元组元素的访问等内容。通过任务的实践,全面而深入地掌握 Python 中列表与元组的应用。

## 【学习目标】

### 知识目标

1. 了解常用的组合数据类型。
2. 理解序列的基本概念及序列的特点。
3. 理解列表的基本概念。
4. 掌握列表的常用内置函数和方法。
5. 理解列表推导式的基本概念。
6. 理解元组的基本概念。
7. 理解列表与元组的区别。

### 能力目标

1. 能够掌握列表的创建。
2. 能够掌握列表元素的访问、列表的循环遍历。
3. 能够掌握使用常用内置函数和方法操作列表。
4. 能够完成列表中增加、修改、删除列表元素等操作。
5. 能够完成嵌套列表的创建、嵌套列表元素的访问。
6. 能够完成元组的创建。
7. 能够完成元组元素的访问。

## 【建议学时】

4 学时。

# 任务 1　演讲比赛评分系统设计

## 【任务提出】

运用 PyCharm 开发工具编写 Python 程序,设计一个简单的比赛评分系统。某演讲比赛有 11 位评委为选手打分,选手的最终得分计算规则是:去掉一个最高分、去掉一个最低分,然后计算剩下所有得分的平均分,即为该选手的最终得分。某位选手最终得分输出结果如图 5.1 所示。

-----演讲比赛评分系统-----
去掉一个最高分： 99
去掉一个最低分： 89
选手的最终得分： 95.67

图 5.1　演讲比赛评分

## 【任务分析】

本任务涉及对多个评委的打分进行处理,需要创建列表用于保存和处理所有的得分,具体的任务实施分析如下。

1. 创建 Python 程序 Score.py。
2. 创建一个列表用来保存选手的所有得分。
3. 找到列表中的最高分和最低分。
4. 计算列表中剩下的所有得分的平均值,即为选手的最终得分。
5. 测试运行程序,并通过输出结果检验程序。

## 【知识准备】

组合数据类型是将多个相同数据类型或不同数据类型的数据组成的一个整体,根据数据组合方式不同,Python 的组合数据类型可分为三种,分别是序列类型、集合类型和字典类型。

## 5.1　序列

视频讲解

### 5.1.1　常见的序列类型

在 Python 的内置数据类型中,序列是由一组有序的数据元素排列形成的集合,可以通过元素在序列中的位置对其操作,即通过索引(也称下标)的方式操作序列中的一个或若干数据元素。Python 中常见的序列类型有列表(list)和元组(tuple),也包括前面讲到的字符串(string)类型。

### 5.1.2 序列的特点

Python 中的序列支持双向索引：正向递增的正数索引和反向递减的负数索引。其中，正向递增的正数索引，自左向右，从 0 开始，第二个元素的索引是 1，以此类推；反向递减的负数索引，自右向左，从 −1 开始，倒数第二个元素的索引为 −2，以此类推。字符串与列表都有这样的双向索引，如图 5.2 和图 5.3 所示。

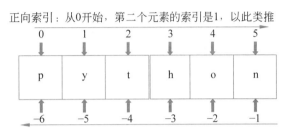

图 5.2 字符串中元素的索引

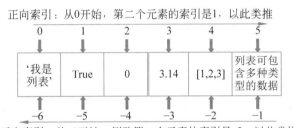

图 5.3 列表中元素的索引

### 5.1.3 常用的序列操作

序列类型有着一些通用的特定操作，即字符串、列表、元组这些序列类型有着一样的序列元素的操作方式，如下所示。

- 通过正向索引、反向索引访问序列中的一个元素。
- 通过切片访问序列中的部分元素。
- 多个序列相加、序列与数字相乘，然后得到新的序列。
- 使用成员运算符 in 和 not in 来判断序列中是否包含某元素。使用 in 运算符判断时，如果序列中包含某元素则返回结果为 True，否则为 False；而 not in 运算符则正好相反。
- 序列的常用内置函数和方法，如表 5.1 所示。

Python 中的内置函数无须定义，可以直接调用，例如 len(序列)；而方法则需要先创建序列，然后通过序列来调用方法，例如序列.index(元素)。

表 5.1 序列的常用内置函数和方法

| 函数/方法 | 语 法 格 式 | 说　　　明 |
|---|---|---|
| 内置函数 | len(序列) | 计算序列的长度 |
| | max(序列) | 返回序列的最大元素 |
| | min(序列) | 返回序列的最小元素 |
| | sum(序列，start=0) | 计算序列中所有元素的和,第2个参数 start 为可选参数,指定和的起始值,默认为 0 |
| 方法 | 序列.index(元素) | 查找元素在序列中第一次出现的位置索引 |
| | 序列.count(元素) | 统计元素在序列中出现的次数 |

视频讲解

## 5.2 列表

Python 中列表(list)类似于其他语言的数组,可以由一组不同数据类型的元素组成,且数据元素可以是任意类型,既可以是整型、浮点、布尔等简单数据类型,也可以是字符串、列表、元组、字典等组合数据类型。

### 5.2.1 列表的创建

创建列表有三种常用的方式:使用中括号[]、内置函数 list()、列表推导式创建列表。

**1. 使用中括号**

使用中括号创建列表时,将每个列表元素用逗号分隔后,放到中括号"[]"中,语法格式如下所示。

```
列表变量名 =[元素 1,  元素 2,  …]
```

**2. 使用内置函数 list()**

使用内置函数 list()创建列表时,函数接收的参数必须是一个可迭代类型的数据,例如字符串、列表等类型的数据,语法格式如下所示。

```
列表变量名 = list(可迭代类型的数据)
```

例 5.1　创建列表,示例代码如下所示。

```
#使用中括号创建列表
list1 =[]                                    #创建一个空列表
list2 =['python', 'java', 'javascript']      #创建元素都是字符串类型的列表
list3 =['我是列表', True, 0, 3.14, [1, 2, 3]]    #创建元素类型不同的列表
#使用内置函数 list()创建列表
list4 =list()                                #使用 list()函数创建一个空列表
list5 =list("abc")                           #使用 list()函数创建三个字母元素的列表
print(list5)                                 #输出: ['a', 'b', 'c']
```

**3. 使用列表推导式**

列表推导式(list comprehension)可以利用 range()函数、元组、字典和集合等可以迭代循环的数据类型,快速生成一个满足指定需求的列表,语法格式如下所示。

```
［表达式 for  迭代变量  in 可迭代对象  ［if 条件表达式］］
```

其中,最外层是中括号[],表示用于生成一个列表;可迭代对象可以是 range()函数、元组、字典和集合;[if 条件表达式]是可选部分。

列表推导式的执行过程是,用 for 循环遍历可迭代对象,逐一将迭代对象的数据元素赋值给迭代变量,然后由包含迭代变量的表达式进行运算,最后将运算结果追加到列表中。如果使用 if 条件表达式,则是仅当 if 条件表达式为 True 时,才将迭代变量用于表达式运算。

例 5.2  创建列表,包含数字 0～9 的平方数,示例代码如下所示。

```
list1 =[x ** 2 for x in range(10)]
print("list1:", list1)              #输出: list1: [0, 1, 4, 9, 16, 25, 36, 49, 64, 81]
```

例 5.3  创建列表,包含整数 0～100 中可以被 3 和 5 整除的所有数字,示例代码如下所示。

```
list1 =[i for i in range(101) if i %3 ==0 and i %5 ==0]
print("list1:", list1)              #输出: list1: [0, 15, 30, 45, 60, 75, 90]
```

### 5.2.2  访问列表元素

**1. 使用索引**

通过正向索引、反向索引的方式可以访问列表中一个指定位置的元素,语法格式如下所示。

```
列表变量名［索引]
```

例 5.4  使用索引方式访问列表元素,示例代码如下所示。

```
list =['我是列表', True, 0, 3.14, [1, 2, 3], '列表可包含多种类型的数据']
#列表与字符串的索引规则一样,有正向递增的正数索引,自左向右,从 0 开始
print(list[0])          #输出第一个元素: '我是列表'
print(list[1])          #输出第二个元素: True
#反向递减的负数索引,自右向左,从-1 开始
print(list[-1])         #输出最后一个元素: '列表可包含多种类型的数据'
print(list[-2])         #输出倒数第二个元素: [1, 2, 3]
```

注意:第 1 个元素的索引值为 0,索引的取值范围是 0 至列表的长度减1,使用的索引值超出索引范围时,Python 会报"index out of range"的索引越界错误。

**2. 使用切片**

列表支持切片截取列表中的部分元素,得到一个新的列表,语法格式如下所示。

109

列表变量名[起始∶结束∶步长]

切片截取从起始索引到结束索引的元素,如果步长是大于1的数,那么会跳过某些元素。注意,选取的区间左闭右开,不包含结束索引的元素。

例5.5 使用切片访问列表元素,示例代码如下所示。

```
list =['我是列表', True, 0, 3.14, [1, 2, 3], '列表可包含多种类型的数据']
#在列表后面加上切片[1:5:2],切片选取索引为1到5,步长为2,取索引为1、3的元素
print(list[1:5:2])          #输出：[True, 3.14]
```

### 5.2.3 常用列表操作

列表类型是序列的一种,支持使用常用内置函数和序列的方法操作列表,也可以使用列表相加、列表与数字相乘等操作。此外,Python还提供了in和not in运算符,用于判断列表中是否包含某元素,使用in运算符判断时,如果存在则返回结果为True,否则为False。

例5.6 常用的列表操作,示例代码如下所示。

```
list =['我是列表', True]
list2 =[99, 96, 93, 89, 95]
#1. 多个列表相加、列表与数字相乘,然后得到新的列表
print("list +list2: ", list +list2)
                          #输出: list +list2: ['我是列表', True, 99, 96, 93, 89, 95]
print("list * 2: ", list * 2)   #输出: list * 2: ['我是列表', True, '我是列表', True]
#2. 使用in和not in运算符,判断列表中是否包含某元素
print("3.14 in list: ", 3.14 in list)          #输出: 3.14 in list:  False
print("True in list: ",True  in list)          #输出: True in list:  True
print("3.14 not in list: ", 3.14 not in list)  #输出: 3.14 not in list:  True
#3. 常用内置函数和方法
print("len(): ", len(list2))          #输出: len():  5
print("min(): ", min(list2))          #输出: min():  89
print("max(): ", max(list2))          #输出: max():  99
print("sum(): ", sum(list2))          #输出: sum():  472
print("index(): ", list2.index(99))   #输出: index():  0
print("count(): ", list2.count(99))   #输出: count():  1
```

## 5.3 列表的循环遍历

视频讲解

除了使用索引、切片方式访问列表的一个元素或部分元素外,还可以通过while和for循环遍历列表,依次访问列表元素。

### 5.3.1 使用while循环

在使用while循环遍历列表时,通常在while循环前面定义列表和循环用的变量i,然后使用i是否小于列表的长度做判断条件,来限制循环执行的次数。

例5.7 使用while循环遍历列表,示例代码如下所示。

```
list =['我是列表', True, 0]
i = 0
while i < len(list):
    print(list[i])              #当满足条件时,执行 while 循环结构中的循环语句
    i += 1
```

运行结果如下所示。

```
我是列表
True
0
```

### 5.3.2 使用 for 循环

在使用 for 循环遍历列表时,依次将当前循环对应的列表元素赋值给 for 后面的变量,语法格式如下所示。

```
for 变量名 in 列表:
    循环语句
```

例 5.8 使用 for 循环遍历列表,示例代码如下所示。

```
list =['我是列表', True, 0]
for temp in list:
    print(temp)
```

使用 for 循环除了可以遍历整个列表,也可以遍历使用切片截取后的列表。

例 5.9 使用 for 循环遍历切片截取后的列表,示例代码如下所示。

```
list =['我是列表', True, 0, 3.14, [1, 2, 3], '列表可包含多种类型的数据']
for temp in list [1:5:2]:
  print(temp)
```

切片[1:5:2]的截取区间是从索引 1 到 5,步长为 2,注意选取的区间左闭右开,不包含结束索引 5 对应的元素,其运行结果如下所示。

```
True
3.14
```

## 5.4 列表的排序

视频讲解

列表中的元素可以进行升序、降序或者逆序排列。其中,逆序就是将元素前后位置反转,最前面的元素放到最后面,最后面的元素放到最前面。例如,列表[6 ,5 ,3 ,2 ,8 ,9],升序排列后变为[2 ,3 ,5 ,6 ,8 ,9]、降序排列后变为[9 ,8 ,6 ,5 ,3 ,2]、逆序排列后变为[9 ,8 ,2 ,3 ,5 ,6]。

列表的升降序排列可以使用 sort()方法或者 sorted()函数,逆序可以使用 reverse()方法或者切片,具体说明如表 5.2 所示。

表 5.2　列表排序常用方式

| 函数/方法 | 语法格式 | 说　明 |
|---|---|---|
| sort()方法 | 升序:列表.sort()<br>降序:列表.sort(reverse=True) | 对原列表进行排序,即原列表会被排序后的列表覆盖 |
| sorted()函数 | 升序:sorted(列表)<br>降序:sorted(列表,reverse=True) | 有返回值,会返回一个新的有序列表,原列表没有改变 |
| reverse()方法 | 列表.reverse() | 对原列表进行逆序排列,即原列表会被逆序后的列表覆盖 |
| 使用切片 | 列表[::-1] | 使用省略起始和结束的索引、步长为-1 的切片,原列表没有改变 |

例 5.10　列表的排序操作,示例代码如下所示。

```
num_list =[6, 5, 3, 2, 8, 9]
str_list =['16辽宁舰', '18福建舰', '17山东舰']
#使用 sort 方法和 sorted 函数对列表排序
num_list.sort()                                      #升序排列
str_list.sort(reverse=True)                          #降序排列
new_num_list=sorted(num_list, reverse=True)          #降序排列
print(num_list)                          #输出:[2, 3, 5, 6, 8, 9]
print(str_list)                #输出:['18福建舰', '17山东舰', '16辽宁舰']
print(new_num_list)                      #输出:[9, 8, 6, 5, 3, 2]
```

例 5.11　列表的逆序操作,示例代码如下所示。

```
num_list =[6, 5, 3, 2, 8, 9]
str_list =['16辽宁舰', '17山东舰', '18福建舰']
str_list.reverse()              #使用 reverse 方法对列表逆序
new_num_list =num_list[::-1]    #使用切片对列表逆序
print(str_list)                 #输出:['18福建舰', '17山东舰', '16辽宁舰']
print(new_num_list)             #输出:[9, 8, 2, 3, 5, 6]
```

## 【任务实现】

视频讲解

### 1. 分析代码

通过分析任务要求可知,任务实现的步骤是:创建一个列表 scores 用来保存选手的所有得分,找到列表中的最高分和最低分,计算列表中剩下的所有得分的平均值,即为选手的最终得分。其中,找列表中的最高分和最低分有以下两种办法。

(1) 使用内置函数 max()和 min()找出列表中最大值和最小值,即最高分和最低分。

(2) 对分数列表 scores 用 sort()方法进行升序排列,第一个元素即为最低分,最后一个

元素为最高分。

**2. 编写代码**

（1）启动 PyCharm，选择菜单 File→New Project，指定项目位置为 D:\Chapter05。

（2）右击项目文件夹 Chapter05，在弹出的快捷菜单中选择 New→Python File，在弹出的新建 Python 文件对话框中输入文件名 Score，类别为 Python file。

（3）在 Score.py 文件的代码编辑窗口，输入如下代码。

```
print("-----演讲比赛评分系统-----")
scores =[99, 96, 93, 96, 96, 98, 95, 99, 93, 89, 95]
max =max(scores)
min =min(scores)
print('去掉一个最高分: ', max)
print('去掉一个最低分: ', min)
sum =sum(scores)              #使用 sum()函数计算列表中所有元素的和
score =(sum -max -min) / (len(scores) -2)
#round()函数 对浮点数进行四舍五入，第 2 个参数指定小数点后要保留的位数
print('选手的最终得分: ', round(score, 2))
```

（4）再创建第 2 个程序文件，在对话框中输入文件名 Score2。在 Score2.py 文件的代码编辑窗口，输入如下代码。

```
print("-----演讲比赛评分系统-----")
scores =[99, 96, 93, 96, 96, 98, 95, 99, 93, 89, 95]
scores.sort()
print('去掉一个最高分: ', scores[-1])
print('去掉一个最低分: ', scores[0])
#使用 sum()函数计算切片截取后的列表中所有元素的和
sum =sum(scores[1:-1])
score =sum / (len(scores) -2)
#round()函数 对浮点数进行四舍五入，第 2 个参数指定小数点后要保留的位数
print('选手的最终得分: ', round(score, 2))
```

（5）按快捷键 Ctrl＋Shift＋F10 分别运行 Score.py 和 Score2.py，可以在底部的结果窗格中查看运行结果，如图 5.1 所示。

## 【任务总结】

通过本任务的学习，读者可以全面掌握 Python 列表的创建、列表元素的访问、常见的列表操作、列表的循环遍历和列表的排序等内容。在使用时需要注意以下几点。

- 创建列表除了可以使用中括号、内置函数 list()、列表推导式以外，还可以通过复制现有列表、使用 extend()或运算符＋连接列表、使用 itertools 模块等方式来创建列表。
- Python 中列表的索引是从 0 开始，而不是从 1 开始。索引的取值范围是 0 至列表长

度－1,如果使用的索引值超出索引范围,程序会报索引越界错误。

- 列表切片不包括结束索引对应的元素。如果起始索引大于或等于结束索引,并且没有指定负步长,那么切片将为空。不带任何参数的切片将返回整个列表。
- 默认情况下,列表排序是基于列表中元素的升序排列。Python 中还支持通过 key 参数来自定义排序依据,例如,按照字符串长度、元素的某个属性或其他复杂逻辑进行排序。

## 【巩固练习】

一、选择题

1. 下列选项中,用于返回列表的元素个数的函数是(　　　)。

    A. len　　　　　　B. count　　　　　　C. list　　　　　　D. length

2. 下列选项中,用于返回列表的元素最大值的函数是(　　　)。

    A. len　　　　　　B. min　　　　　　C. index　　　　　　D. max

3. 阅读下面的程序,程序运行的正确结果是(　　　)。

```python
list =[0, 1, 2, 3, 4, 5]
for i in list:
    if i %3 ==0:
        continue
    print(i, end="")
```

    A. 012345　　　　　B. 01245　　　　　C. 1245　　　　　D. 12

4. 阅读下面的程序,程序运行的正确结果是(　　　)。

```python
list =[7, 0, 3, 4, 5]
list.sort()
print(list[:-3])
```

    A. [7, 0, 3, 4, 5]　　　　　　　　B. [0, 3, 4, 5, 7]

    C. [0, 3]　　　　　　　　　　　　D. [0, 3, 4]

5. 下面代码的输出结果是(　　　)。

```python
list =[7, 0, 3, 4, 5]
list.reverse()
print(list)
```

    A. [7, 0, 3, 4, 5]　　　　　　　　B. [0, 3, 4, 5, 7]

    C. [5, 4, 3, 0, 7]　　　　　　　　D. 以上都不正确

二、判断题

1. 在 Python 中,使用 index 方法查找元素在序列中第一次出现的位置索引时,找到则返回索引值,若没找到返回－1。　　　　　　　　　　　　　　　　　　　　　(　　　)

2. 在 Python 中,列表中第一个元素的索引值是 1。 (　　)

3. 列表支持切片截取列表中的部分元素,得到的新列表包含结束索引的元素。 (　　)

4. 如果要将列表按从大到小的降序排序时,可使用 list.sort(reverse＝False)实现。

(　　)

5. 使用 sorted 函数对原列表进行排序,原列表会被排序后的列表覆盖。 (　　)

### 三、填空题

1. 现有一个长度为 10 的列表 list,则列表的最后一个元素是_____。

2. 下面有一段程序代码,使用 for 循环遍历列表的全部元素,请填空。

```
list =[1, 2, 3, 4, 5]
for i in range(len(list)):
    print(_____)
```

3. 以下程序为多重循环实现九九乘法表,请填空。

```
for i in range(1,10):
    for j in _____ :
            print("%d * %d=%2ld " %(i, j, i * j), end='')
    print()
```

4. 下面代码的输出结果是_____。

```
list =[0, 1, 2, 3, 4, 5]
print(list[1:5:2])
```

5. 下面有一段程序代码,可实现输出 0 到 9,请填空。

```
for i in _____:
        print(i)
```

### 四、编程题

1. 现有一个存放奇数个元素的列表 list ＝ [59, 54, 89, 45, 78, 45, 12, 96, 46],编写程序,找到列表最中间位置的元素,并输出它的值。

2. 现有列表 list ＝ [59, 54, 89, 45, 78, 45, 12, 59, 54, 89],编写程序,找到在列表中出现次数大于 1 次的元素,并输出结果。

3. 现有列表 list ＝ [59, 54, 89, 45, 78, 45, 12, 59, 54, 89],编写程序,找出列表中出现次数最多的元素以及它的出现次数。如果有多个元素出现次数相同并且最多,则找出索引值较小的元素以及它的出现次数。

## 【任务拓展】

1. 现有列表 list ＝ [59, 54, 89, 45, 78, 45, 12, 59, 54, 89],编写程序,找出最大值、最小值,求平均值、求和(要求不使用内置函数)。

2. 现有字符串"Python,C,Java,JavaScript,SQL,PHP",编写程序,实现对字符串中的单词排序,排序后的结果为"C,Java,JavaScript,PHP,Python,SQL"。

# 任务 2　快递超市管理系统设计

## 【任务提出】

运用 PyCharm 开发工具编写 Python 程序,设计一个简单的快递超市管理系统,用于对快递超市的快递进行管理与维护,主要包括添加快递单号、删除快递单号、修改快递单号、查询所有快递单号、退出程序等功能,系统界面如图 5.4 所示。

```
-----快递超市管理系统-----
1:添加快递单号；2:删除快递单号；3:修改快递单号；4:查询所有快递单号；0:退出程序
请输入功能对应的序号：1
请输入添加的快递单号：
```

图 5.4　快递超市管理系统

## 【任务分析】

本任务主要实现的是快递单号的管理,可以使用列表存储所有的快递单号;通过关键字、函数或方法对列表的元素完成添加、修改、删除等操作,以实现对快递单号的管理与维护,具体的任务实施分析如下。

1. 创建 Python 程序 ExpressManage.py。
2. 编写程序完成功能界面显示提示用户选择功能。
3. 创建一个列表用来保存所有的快递单号。
4. 通过 input() 函数接收用户的选择。
5. 使用列表的基本操作完成用户选择的功能。
6. 测试运行程序,检验程序各项功能。

## 【知识准备】

视频讲解

### 5.5　管理列表元素

在 Python 中,列表是一个可变序列,允许增加、删除、修改列表中的数据元素,常见的操作方法如表 5.3 所示。

表 5.3　增加、删除和修改列表元素的操作方法

| 分类 | 关键字/函数/方法 | 语 法 格 式 | 说　　　明 |
|---|---|---|---|
| 增加元素 | insert()方法 | 列表.insert(index，object) | 在列表的指定位置 index 前插入数据元素 |
|  | append()方法 | 列表.append(object) | 将数据元素追加到列表的末尾 |
|  | extend()方法 | 列表 1.extend(列表 2) | 将列表 2 的数据元素一次性追加到列表 1 的末尾 |
| 删除元素 | del 关键字 | del 列表[索引] | 删除列表中指定索引的数据元素 |
|  | pop()方法 | 列表.pop() | 删除列表的最后一个元素 |
|  |  | 列表.pop(索引) | 删除列表中指定索引的数据元素 |
| 删除元素 | remove()方法 | 列表. remove (数据) | 根据数据删除,删除列表中第一个出现该数据的元素 |
|  | clear()方法 | 列表.clear() | 清空列表的所有元素 |
| 修改元素 | 赋值= | 列表[索引] = 新值 | 修改列表中指定位置的数据 |

例 5.12　增加列表元素,示例代码如下所示。

```
#列表元素的增加
list =[0, 1, 2, 3, 4, 5]
list.insert(3, "element")            #在 list 列表索引位置 3 增加元素 element
list.append("element1")              #在 list 列表末尾添加列表元素 element1
list.extend(["element2", "element3"]) #将列表所有元素添加到 list 列表末尾
print(list)
    #输出:[0, 1, 2, ' element ', 3, 4, 5, ' element 1', ' element 2', ' element 3']
```

例 5.13　删除列表元素,示例代码如下所示。

```
#列表元素的删除
list =[0, 1, 2, 3, 4, 5, "element"]
del list[2]                 #删除 list 列表索引位置 2 的元素
print(list)                 #输出:[0, 1, 3, 4, 5, 'element']
list.pop(3)                 #删除 list 列表索引位置 3 的元素
print(list)                 #输出:[0, 1, 3, 5, 'element']
list.remove("element")      #删除 list 列表中值为 element 的元素
print(list)                 #输出:[0, 1, 3, 5]
list.clear()                #清空 list 列表中的所有元素
print(list)                 #输出空列表:[]
```

例 5.14　修改列表元素,示例代码如下所示。

```
#列表元素的修改
num_list =[0, 1, 2, 3, 4, 5, 6]
num_list[1] ='一'      #修改 num_list 索引位置为 1 的元素
print(num_list)        #输出:[0, '一', 2, 3, 4, 5, 6]
```

**117**

视频讲解

## 5.6 嵌套列表

在 Python 中,嵌套列表指的是一个列表中包含一个或多个子列表的情况。嵌套列表常用于表示二维数组、矩阵或更复杂的数据结构。

### 5.6.1 嵌套列表的创建与访问

要访问嵌套列表中的元素,需要指定两个索引:第一个索引用于选择外部列表的元素(即子列表),第二个索引用于选择子列表中的元素。

例 5.15 嵌套列表的创建与元素的访问,示例代码如下所示。

```
#嵌套列表的创建与元素的访问
list =[["A1", "B2", "C3", "D4"], ['E5', 'F6']]
print(list[1])                    #输出:['E5', 'F6']
print(list[1][1])                 #输出:F6
```

在上面的代码中,使用多层中括号创建了嵌套列表 list,list 中的每一个元素也是列表类型。list[1]获取的是 list 列表的元素,list[1][1]获取的是子列表 list[1]对应位置的元素。

### 5.6.2 嵌套列表的循环遍历

嵌套列表可以通过索引的方式获取元素,也可以通过单层 while 循环、for 循环逐个获取嵌套列表的子元素。

例 5.16 嵌套列表的单层循环遍历,示例代码如下所示。

```
list =[["A1", "B2", "C3", "D4"], ['E5', 'F6']]
#使用 while 循环遍历嵌套列表
i =0
while i <len(list):
    print(list[i])
    i +=1
#使用 for 循环遍历嵌套列表
for sublist in list:
    print(sublist)
```

使用 while 循环和 for 循环输出的内容一样,如下所示。

```
['A1', 'B2', 'C3', 'D4']
['E5', 'F6']
```

例 5.17 嵌套列表的多层循环遍历,示例代码如下所示。

```
list =[["A1", "B2", "C3", "D4"], ['E5', 'F6']]
#使用多层 while 循环遍历嵌套列表
i =0
while i <len(list):
```

```
        j = 0
        while j < len(list[i]):
            print(list[i][j])
            j += 1
        i += 1
# 使用多层 for 循环遍历嵌套列表
for sublist in list:
    for i in sublist:
        print(i)
```

使用多层 while 循环和 for 循环输出的内容一样,如下所示。

```
A1
B2
C3
D4
E5
F6
```

### 5.6.3 嵌套列表元素的操作

嵌套列表允许添加、修改、删除数据元素,与访问元素类似,也可以通过指定两个索引来修改嵌套列表中的元素。

例 5.18 嵌套列表元素的修改,示例代码如下所示。

```
# 嵌套列表元素的操作
list =[["A1", "B2", "C3", "D4"], ['E5', 'F6']]
list.append('G7')
print(list)         # 输出: [['A1', 'B2', 'C3', 'D4'], ['E5', 'F6'], 'G7']
list[1].append('G7')
print(list)         # 输出: [['A1', 'B2', 'C3', 'D4'], ['E5', 'F6', 'G7'], 'G7']
list[1][2]='H8'
print(list)         # 输出: [['A1', 'B2', 'C3', 'D4'], ['E5', 'F6', 'H8'], 'G7']
list[1].pop(1)
print(list)         # 输出: [['A1', 'B2', 'C3', 'D4'], ['E5', 'H8'], 'G7']
```

## 【任务实现】

**1. 分析代码**

视频讲解

通过任务分析,首先需要创建一个列表 list 用于保存所有的快递单号,然后使用循环语句保障程序持续运行,最后可将快递超市管理系统分为三部分,选择功能、实现功能与结束。

(1) 选择功能:可使用 print()函数提供一个系统界面,并使用 input()函数选择功能。

(2) 实现功能:根据用户选择的功能,分别执行添加、删除、修改快递单号,可以通过列表 list 的 append()方法、remove()方法、赋值等实现对列表元素(快递单号)的添加、修改、删除操作。

（3）结束：使用 break 跳出循环退出系统。

**2.编写代码**

（1）启动 PyCharm，右击项目文件夹 Chapter05，在弹出的快捷菜单中选择 New→Python File，在弹出的新建 Python 文件对话框中输入文件名 ExpressManage，类别为 Python file。

（2）在 ExpressManage.py 文件的代码编辑窗口，输入如下语句。

```python
print("-----快递超市管理系统-----")
list =[]
while True:
    print("1:添加快递单号;2:删除快递单号;3:修改快递单号;4:查询所有快递单号;0:退出
    程序")
    option =int(input("请输入功能对应的序号: "))
    if option ==1:                    #添加快递单号
        add_name =input("请输入添加的快递单号: ")
        list.append(add_name)
    elif option ==2:                  #删除快递单号
        del_name =input("请输入要删除的快递单号: ")
        list.remove(del_name)
    elif option ==3:                  #修改快递单号
        edit_name =input("请输入要修改的快递单号: ")
        new_name =input("请输入修改后的快递单号: ")
        i =list.index(edit_name)
        list[i] =new_name
    elif option ==4:                  #查询所有快递单号
        print("快递单号列表: ",list)
    elif option ==0:                  #退出程序
        break
    else:
        print("你输入的序号有误!")
print("关闭快递超市管理系统")
```

（3）按快捷键 Ctrl＋Shift＋F10 运行程序，依次测试系统的添加、删除、修改、查询、退出等功能。

## 【任务总结】

通过本任务的学习，读者可以全面掌握列表元素的增加、删除和修改操作，以及嵌套列表的创建、访问、遍历、添加、修改、删除等操作。在使用时需要注意以下几点。

- 在使用 del 关键字或 pop()方法删除列表中指定索引的元素时，注意索引的范围是 0 至列表长度减 1，使用索引值超出索引范围时，程序会报索引越界错误"IndexError: list index out of range"。
- 使用 remove()方法根据值删除列表中第一个出现该数据值的元素时，如果参数值在列表中不存在，程序会报"ValueError: list.remove(x): x not in list"错误。
- 嵌套列表中的外部列表和内部列表都有自己的索引，因此需要通过两个索引来访问内部列表的元素。切片操作在嵌套列表上同样适用,但要注意切片是外部列表还是内部列表的。

* 对于大型嵌套列表,某些操作(如搜索、排序或遍历)可能会变得非常慢。

## 【巩固练习】

### 一、选择题

1. 下列选项中,( )不是增加列表元素的方法。

    A. len                 B. insert              C. extend             D. append

2. 现有列表 list = [0,1,2,3,4,5],( )不能成功删除列表元素。

    A. del list[0]       B. list.remove(3)     C. list.pop(5)     D. list.pop(6)

3. 执行下面程序后,list2 的值为( )。

```
list1 =[1, 2, 3]
list2 =list1
list1[2] =5
```

    A. [1, 2, 3]         B. [1, 5, 3]         C. [1, 2, 5]         D. 以上都不对

4. 下列关于列表的说法,描述错误的是( )。

    A. 列表可以存放任意类型的元素

    B. 列表是一个有序集合,没有固定大小

    C. 使用列表时,其索引只能是正数

    D. 列表是可变的数据类型

5. 下面代码的输出结果是( )。

```
list =[3, 4, 5, 6, 1, 1]
list.remove(1)
print(list)
```

    A. [3, 5, 6, 1, 1]              B. [3, 4, 5, 6, 1]

    C. [3, 4, 5, 6]                D. 以上都不对

### 二、判断题

1. 列表可以通过 append 方法在指定位置插入元素。 ( )

2. 现有列表 list = [0,1,2,3,4,5],当执行语句 list[6]=6 时,因为索引越界会报错。 ( )

3. remove 方法能根据索引删除列表中的元素。 ( )

4. 嵌套列表指的是一个列表中的元素都是列表类型。 ( )

5. 创建列表的有三种常用的方式:使用中括号、内置函数 list()函数、列表推导式创建列表。 ( )

### 三、填空题

1. 使用 list = [['a','b','c'], [1,2,3]]创建嵌套列表,那么 list[1][1]的值是_____。

2. 下面程序将二维的嵌套列表展开成一维列表[1，2，3，4，5，6，7，8，9]，请填空。

```
lists =[[1, 2, 3], [4, 5, 6], [7, 8, 9]]
li =[num for list in _____ for num in _____]
print(li)
```

3. 下面程序为使用列表推导式生成嵌套列表[[0,0,0,0]，[0,1,2,3]，[0,2,4,6]]，请填空。

```
a, b =3, 4
list =[[ i * j for j in _____] for i in range(a)]
print(list)
```

四、编程题

1. 编写程序，将 0～9 的奇数找出来，并将这些数的平方组成一个新的列表，结果为[1，9，25，49，81]。

2. 现有列表 list= [59，54，89，45，78，45，12，59，54，89]，编写程序实现删除列表中重复的元素。

3. 现有列表 list = [59，−54，89，−45，78,12]，编写程序，找出其中为负数的元素，将其修改成正数。

## 【任务拓展】

1. 编写程序实现将列表 list 中索引为奇数的元素组成新的列表，例如 list = [1，11，23，43，47，53]，找出索引 1、3、5 的元素，组成新的列表[11，43，53]。

2. 编写程序实现删除字符串中所有重复的单词，并对去重的单词进行排序，例如字符串 s = "hello world and practice makes perfect and hello world again"，去重排序后的结果为"again and hello makes perfect practice world"。

# 任务 3　中文数字转换

## 【任务提出】

运用 PyCharm 开发工具编写 Python 程序，按照中文数字对照表，将输入的阿拉伯数字转换成大写中文数字。例如，阿拉伯数字的"1 到 0"转换成中文大写的"壹到零"，效果如图 5.5 所示。

-----中文数字转换-----
请输入一个数字：1234567890
中文数字结果：　壹贰叁肆伍陆柒捌玖零

图 5.5　中文数字转换

## 【任务分析】

本任务主要实现的是阿拉伯数字到中文大写数字转换,中文大写数字是固定的十个数字,可以使用元组来按顺序存放中文大写数字,然后根据需要从元组中提取,具体的任务实施分析如下。

1. 创建 Python 程序 ChineseNumber.py。
2. 创建元组,按组存储中文大写数字。
3. 通过函数提示并接收用户输入的数字。
4. 通过循环遍历,找到每位阿拉伯数字在元组中对应的中文大写数字。
5. 将阿拉伯数字转成中文大写数字,并将其拼接到最终结果中。
6. 测试运行程序 ChineseNumber.py,并通过输出结果检验程序。

## 【知识准备】

### 5.7 元组的创建与访问

视频讲解

在 Python 中,元组是一个不可变序列类型,通常用于存储一组相关的值。元组中的元素可以是任何数据类型,并且元组一旦创建就不能被修改(即不能添加、删除或更改元素)。元组的多个元素之间使用逗号分隔。

#### 5.7.1 创建元组

元组有两种常用的创建方式,分别是圆括号()和函数 tuple(),具体说明如表 5.4 所示。

表 5.4 创建元组的方式

| 创建元组方式 | 语 法 格 式 | 说 明 |
| --- | --- | --- |
| 圆括号 | ( ) | 创建不包含元素的空元组 |
| | 元素 1 , <br> (元素 1 ,) | 创建包含一个元素的元组,圆括号可以省略,逗号不能省略 |
| | 元素 1 ,元素 2 ,…… <br> (元素 1 ,元素 2 ,……) | 创建包含多个元素的元组,圆括号可以省略,逗号不能省略 |
| tuple()函数 | tuple() | 不传参数,创建空元组 |
| | tuple(iterable) | 参数 iterable 是一个可以迭代的类型,比如字符串、列表等 |

例 5.19 使用圆括号方式创建元组,示例代码如下所示。

```
tuple1 =()                    #创建空元组
print(tuple1)                 #输出: ()
tuple2 ="ab",                 #创建一个元素的元组,省略括号
print(tuple2)                 #输出: ('ab',)
tuple3 =("ab",)               #创建一个元素的元组,保留括号
```

```
print(type(tuple3))                #输出: <class 'tuple'>
tuple4 = ("ab")                     #没有逗号,创建的是字符串
print(type(tuple4))                #输出: <class 'str'>
tuple5 = "ab", "cd", "ef"          #创建多个元素的元组,省略括号
print(tuple5)                       #输出: ('ab', 'cd', 'ef')
tuple6 = ("ab", "cd", "ef")        #创建多个元素的元组,保留括号
print(tuple6)                       #输出: ('ab', 'cd', 'ef')
```

从上述代码中可以看出,在使用圆括号创建一个元素的元组时,如果省略掉逗号,则会生成一个字符串类型的数据。

例5.20  使用tuple()函数创建元组,示例代码如下所示。

```
tuple1 = tuple()                    #创建空元组
print(tuple1)                       #输出: ()
tuple2 = tuple("abc")              #参数为字符串,可以迭代
print(tuple2)                       #输出: ('a', 'b', 'c')
tuple3 = tuple(['a', 'b', 'c'])    #参数为列表,可以迭代
print(tuple3)                       #输出: ('a', 'b', 'c')
```

在使用函数tuple()创建元组时,如果不传入参数,创建的是空元组;如果传入字符串、列表等可以迭代的类型的参数,可以将其他类型的序列元素转成元组的元素。

### 5.7.2  访问元组元素

访问元组的元素有以下几种方式:使用索引方式访问元组元素;使用切片访问元组元素;通过while和for循环遍历访问元组元素。

例5.21  访问元组的元素,示例代码如下所示。

```
tuple = ("ab", "cd", "ef", "gh", "ij")
print(tuple[1])                    #输出索引位置为1的元素: cd
print(tuple[1:4:2])                #输出索引位置为1、3的元素组成的子元组: ('cd', 'gh')
i = 0
while i < len(tuple):
    print(tuple[i])                #逐行输出元组每个元素: ab、cd、ef、gh、ij
    i += 1
for i in tuple:
    print(i)                        #逐行输出元组每个元素: ab、cd、ef、gh、ij
```

从上述代码可以看出,元组的访问方式与列表基本相同。但需要注意,元组是一个不可变序列,即元组的元素不可修改,试图添加、修改和删除元组的元素都会报错。

【任务实现】

视频讲解

**1. 分析代码**

根据前面的分析可知,首先,创建元组num_tuple保存所有的中文大写数字,按照从零到玖的顺序,对应元素的索引0~9;接着,使用input()函数接收用户输入的阿拉伯数字串;

然后,进行数据处理,使用 for 循环获取每位数字字符,将其转换成整数,取出该整数索引位置对应的中文大写数字,将所有的中文大写数字连接起来,保存到字符串变量 result 中;最后,输出转换后的中文大写数字。

**2. 编写代码**

(1) 启动 PyCharm,右击项目文件夹 Chapter05,在弹出的快捷菜单中选择 New→Python File,在弹出的新建 Python 文件对话框中输入文件名 ChineseNumber,类别为 Python file。

(2) 在 ChineseNumber.py 文件的代码编辑窗口,输入如下代码。

```python
print("-----中文数字转换-----")
#为了让数字和索引对应,所以零是元组的第一个元素
num_tuple = tuple("零壹贰叁肆伍陆柒捌玖")
result = ""
num_strs = input ("请输入一个数字: ")
for num in num_strs:
    result += num_tuple[int(num)]
print("中文数字结果: ",result)
```

(3) 按快捷键 Ctrl+Shift+F10 运行当前程序,可以在底部的结果窗格中,输入数字串 1234567890,单击 Enter 键后查看运行结果。

## 【任务总结】

通过本单元的学习,读者可以全面了解 Python 中元组的创建、元组元素的访问方法。在使用时需要注意以下几点。

- 创建一个元素的元组时,元素后面的逗号不能省略,省略后创建的将不是元组。
- 元组是一个不可变序列,即元组的元素不可修改,试图添加、修改和删除元组的元素都会报错。

在 Python 中,列表和元组作为序列类型,具有一些共同的特性,如下所示。

- 有序性:列表和元组中的元素都是有序排列的,即每个元素都有一个明确的索引位置。索引从 0 开始,可以通过索引来访问、检索特定位置的元素。
- 可迭代性:列表和元组都是可迭代的对象,可以使用 for 循环或其他迭代工具来遍历它们的元素。
- 可切片性:两者都支持切片操作,允许获取序列的一个子集。例如,可以使用 my_list[1:4]或 my_tuple[1:4]来获取第 2 个到第 4 个元素(不包括索引为 4 的元素)。
- 可包含任意类型的元素:列表和元组都可以存储任意类型的 Python 对象,包括数字、字符串、布尔值、其他列表或元组,甚至是自定义对象。
- 长度可获取:可以使用内置函数 len()来获取列表或元组的长度(即元素的数量)。
- 可索引访问:可以通过索引直接访问列表或元组中的元素,例如,使用 my_list[0]或 my_tuple[0]来获取第一个元素。
- 可嵌套:列表和元组都可以嵌套,即它们都可以包含其他列表或元组作为元素。

- 可作为函数的参数：列表和元组都可以作为函数的参数进行传递，也可以从函数中返回。

尽管列表和元组有这些共同特性，但它们在使用上还有一些区别，如下所示。

- 可变性：列表是可变的，有一系列的方法可以改变其内容，例如，append()、insert()、remove()、pop()等。而元组是不可变的，一旦元组被创建，就不能修改它的内容。
- 语法：列表使用方括号创建，而元组使用圆括号创建。
- 性能：由于元组是不可变的，因此元组在某些情况下比列表更加高效。元组的内存占用通常比列表小，且在某些操作中可能运行更快。列表因为需要处理可变性，所以会有额外的内存开销。
- 用途：列表适用于需要动态修改数据的场景，例如数据收集、处理或需要频繁变更元素的情况。元组适用于存储不需要改变的数据集，例如常量集、配置参数或用作字典的键。

## 【巩固练习】

**一、选择题**

1. 下列选项中，用于返回元组的元素最小值的函数是(　　　)。
   A. len            B. min            C. index            D. max

2. 下列选项中，用于创建元组的是(　　　)。(多选)
   A. ()             B. []             C. tuple()函数       D. list()函数

**二、判断题**

1. 使用索引方式获取元组的元素时，索引可以是负数。                     (　　　)
2. 元组是不可变的数据类型，元组的元素可以修改。                       (　　　)
3. 使用代码 t = ('a')创建的是元组类型。                              (　　　)
4. 元组可以存放任意类型的元素。                                      (　　　)
5. 使用 tuple = ((1,2,3),('a','b','c'))创建了元组，通过 tuple[2][3]获取的元素值是'c'。
                                                                   (　　　)

**三、填空题**

1. 使用 tuple = ((1,2,3),('a','b','c'))创建了元组，那么 tuple[1][1]的值是_____。
2. 使用代码 t = ('a')创建的是_____类型。

**四、编程题**

1. 现有元组 tuple = ((1,2,3),('a','b','c'))，编写程序，使用双重循环逐个输出该元组的全部元素。

2. 现有列表 list=[("张三", 20), ("李四", 21), ("王五", 19)]，保存多名学生的姓名和年龄信息，其中每名学生的姓名和年龄使用元组保存，编写程序遍历列表 list，打印出每个学生的姓名和年龄。

3. 现有元组 cities = ("北京", "上海", "石家庄", "呼和浩特", "乌鲁木齐")，保存一些城市名，编写程序，找出长度大于或等于 3 个字的城市名，并将这些城市名存储到一个新的元组中。

# 【任务拓展】

1. 现有元组 students_scores = (("张三", 90), ("李四", 85), ("王五", 95)), 编写程序, 找出并打印分数最高的学生的姓名和分数。

2. 现有一个二维元组, 存储有若干点的坐标位置, 例如((1.0, 2.0)、(3.0, 4.0)、(5.0, 6.0)), 编写程序, 计算出所有点的平均坐标, 并保存到一个新的元组中。

3. 现有元组 fruits = ("apple", "banana", "cherry", "blackberry", "almond", "blueberry", "carambola", "durian", "grape", "grapefruit", "lichee"), 找出元组中的第一个最长字符串, 并打印。

4. 现有一个二维元组 points = ((10, 2), (3, 4), (5, 6)), 存储有若干点的坐标位置, 编写程序, 找出并打印距离原点(0,0)最远的点坐标。

# 项目 6

# 字典与集合应用

在前面的内容中,介绍了复合数据类型中的列表和元组两种有序数据类型。Python 中除了有序数据类型外,还包含两种无序数据类型,分别是字典(dictionary)和集合(set)。字典是一个具有映射关系的数据类型,其元素是由"键值对"组成的。而集合是一个由无序不重复元素组成的数据类型。

在本项目中,将通过完成两个具体任务:菜单管理系统和自助点餐系统,来系统学习字典和集合的创建、元素的访问以及添加、修改、删除等各种基本操作。通过任务的实践,全面而深入地掌握 Python 中字典集合的应用。

## 【学习目标】

### 知识目标

1. 理解字典的基本概念。
2. 熟悉字典的定义和访问方法。
3. 理解字典常见操作的区别。
4. 理解集合的基本概念。
5. 熟悉集合的定义和访问方法。
6. 理解集合常见操作的区别。
7. 理解集合类型操作符的区别。

### 能力目标

1. 能够熟练创建字典。
2. 能够熟练访问字典中的元素。
3. 能够正确地添加、修改与删除字典元素。
4. 能够熟练使用字典解决问题。
5. 能够熟练创建集合。
6. 能够熟练完成集合的基本操作。
7. 能够正确使用集合类型的操作符。

## 【建议学时】

4 学时。

# 任务 1  菜单管理系统设计

## 【任务提出】

运用 PyCharm 开发工具编写 Python 程序,设计一个简单的菜单管理系统,用于对餐厅菜单中的菜品名称和价格信息进行管理与维护。其主要功能包括查看菜单、添加菜品、删除菜品、清空菜单、更改菜品价格、退出等,菜单管理系统界面如图 6.1 所示。

菜单管理系统
====================
1、查看菜单
2、添加菜品
3、删除菜品
4、清空菜单
5、更改菜品价格
6、退出
====================
请输入菜单号:

图 6.1  菜单管理系统界面

## 【任务分析】

本任务主要实现的是对菜单的管理,菜单中每一个菜品的信息都包含菜品名称和价格,并且菜品名称和价格存在一一对应的映射关系,因此可以使用字典来存放菜品信息;再通过字典元素的添加、修改、删除等操作实现对菜单中菜品的添加、修改、删除。具体的任务实施分析如下。

1. 创建 Python 程序 MenuManagement.py。
2. 完成系统操作界面显示设计。
3. 创建一个字典用来存放菜品信息。
4. 通过 input()函数接收用户的选择。
5. 使用字典的基本操作完成菜单管理功能。
6. 测试运行程序,检验程序各项功能。

## 【知识准备】

视频讲解

## 6.1  字典的基本概念

当需要从一组数据中查找一个数据时,前面学习的列表和元组都只能逐个比较查找,速度较慢、效率较低。是否有一个数据类型既可以存储多个元素,又可以快速查到某个数据呢? 在 Python 中,字典可以完成这个任务。

### 6.1.1  字典的概述

字典是由"键值对"组成的无序可变序列,无序是指字典中的元素没有顺序,可变是指字典元素可以改变。

字典中的每个元素都是一个"键值对",类似于生活中常用的字典,可以通过字查到对应的解释,Python 中的字典可以利用"键"快速查找"值",每个键值对的键和值之间用冒号":"

分隔,每个键值对之间用逗号","分隔,所有元素都包含在花括号"{}"中,格式如下所示。

```
d ={key1 : value1, key2 : value2}
```

注意:字典中的键一般是唯一的,如果重复,最后一个重复的键值对会替换前面的,但值可以重复。

例 6.1    字典中键的唯一性,示例代码如下所示。

```
d1 ={'k1':'v1','k2':'v2','k3':'v2','k1':'v3'}
print(d1)
```

在上述代码中,创建字典 d1 时有四个键值对,其中第一个与第四个键值对的键相同,第二个与第三个键值对的值相同,根据原则第四个键值对会替换第一个,而第二个和第三个会同时保留,结果中包含三个键值对,k1 的值为 v3,k2 和 k3 的值为 v2,运行结果如下所示。

```
{'k1': 'v3', 'k2': 'v2', 'k3': 'v2'}
```

注意:"键"是任意的不可变数据,例如,整数、浮点数、字符串、元组,而"值"可以是任意的数据。

### 6.1.2    字典的创建

在 Python 中可以使用花括号{}或者 dict()函数来创建一个字典。

**1. 使用花括号创建字典**

在花括号中添加使用逗号分隔的元素,每个元素由一组键值对组成,键值对中间通过冒号来进行分隔,语法格式如下所示。

```
字典名 ={键 1:值 1,键 2:值 2,…,键 n:值 n }
```

**2. 使用 dict()函数创建字典**

使用 dict()函数创建字典时,dict()函数的参数可以是关键字、映射类型对象、可迭代对象,语法格式如下所示。

```
字典名 =dict(关键字)
或 字典名 =dict(映射类型对象)
或 字典名 =dict(可迭代对象)
```

例 6.2    创建字典,示例代码如下所示。

```
d ={'name':'张辉','age':18}        #方法一:通过{}定义
print(d)                          #输出: {'name': '张辉', 'age': 18}
d1 =dict(name='田菲', age=28)      #方法二:通过 dict()函数定义,字典名 =dict(关键字)
print(d1)                         #输出: {'name': '田菲', 'age': 28}
d2 =dict({'name':'李想', 'age':38})
                                  #方法二:通过 dict()函数定义,字典名 =dict(映射类型对象)
print(d2)                         #输出: {'name': '李想', 'age': 38}
```

```
d3 =dict([('name','雷军'),('age',48)])
                        #方法二:通过 dict()函数定义,字典名 =dict(可迭代对象)
print(d3)               #输出: {'name': '雷军', 'age': 48}
```

注意:当花括号"{}"或者 dict()函数中为空时,会创建一个空字典。

例 **6.3**   创建空字典,示例代码如下所示。

```
#定义一个空字典
d2 ={}                  #方法一:通过{}定义
d3 =dict()              #方法二:通过 dict()函数定义
print(type(d2))
print(type(d3))
```

代码中分别使用"{}"和 dict()函数创建空字典,并使用 type()函数获取 d2、d3 的类型,运行结果如下所示。

```
<class 'dict'>
<class 'dict'>
```

视频讲解

## 6.2   字典的访问

在 Python 中字典元素的访问有两种方式:直接访问字典元素;通过函数访问字典元素。

### 6.2.1   直接访问字典元素

在 Python 中,可以使用方括号"[]"直接访问字典中某个存在的值,语法格式如下所示。

```
字典名[键]
```

例 **6.4**   直接访问字典元素,示例代码如下所示。

```
d ={'name':'xm','age':18}
#直接访问字典元素
print(d['name'])                #输出: xm
```

代码中定义一个字典 d,包含两个元素,并且使用"字典名[键]"的方式访问字典 d 中键为 name 的值。

注意:如果用字典里没有的键来访问值,程序就会报错,建议先判断字典中是否有对应的键再进行访问,代码如下所示。

```
d ={'name':'xm','age':18}
d['sex']
```

代码使用"字典名[键]"在字典 d 中查找键为 sex 的值,而字典 d 中只有键为 name 和

age 的元素,因此程序运行时会出现 KeyError：'sex'错误。

### 6.2.2 通过函数访问字典元素

除了直接访问字典元素外,还可以通过函数访问字典元素,有四种方法。

**1. 通过 get()函数获取值**

如果无法确定想要访问的键在字典中是否存在,可以使用 get()函数的方式获取值,语法格式如下所示。

```
字典名.get(键,[默认值])
```

其中,get()函数中的第一个参数为要查找的键,第二个参数为键不存在时返回的默认值,get()函数会根据键在字典中查找对应的值,如果未找到则会返回默认值,当未设定默认值时,返回 None。

**2. 通过 items()函数获取所有键值对**

通过 items()函数可以获取字典中的所有键值对,该函数会以列表的形式返回一个视图对象,它包含一个元组列表,每个元组由相应的键和值对组成,语法格式如下所示。

```
字典名.items()
```

**3. 通过 keys()函数获取所有键**

通过 keys()函数可以获取字典中的所有键,返回字典的键视图,语法格式如下所示。

```
字典名.keys()
```

**4. 通过 values()函数获取所有值**

通过 values()函数可以获取字典中的所有值,返回字典的值视图,语法格式如下所示。

```
字典名.values()
```

**例 6.5** 通过函数访问字典元素,示例代码如下所示。

```
d = {'name':'xm','age':18}
#通过 get()函数获取值
print(d.get('name'))          #输出: xm
#通过 items()函数获取所有键值对
print(d.items())              #输出: dict_items([('name', 'xm'), ('age', 18)])
#通过 keys()函数获取所有键
print(d.keys())               #输出: dict_keys(['name', 'age'])
#通过 values()函数获取所有值
print(d.values())             #输出: dict_values(['xm', 18])
```

代码中分别使用了 get()、items()、keys()、values()访问字典 d 中的元素。

## 6.3 字典的基本操作

字典是可变数据类型,因此字典中的元素可以修改,也就是说可以对字典元素进行添

视频讲解

加、修改以及删除操作。

### 6.3.1 字典元素的添加与修改

在字典中添加新的字典元素或更新已有的字典元素的值有两种方法。

**1. 添加或更新单个字典元素**

添加或更新单个字典元素,语法格式如下所示。

字典名[键]=值

在字典中添加键值对时,如果要添加的键在字典中已存在,则会更新键对应的值。

**2. 添加或更新多个字典元素**

使用 update() 函数可以将其他字典中的键值对添加到当前字典中,语法格式如下所示。

字典名.update(其他字典)

若其他字典中的键在当前字典中已存在,则会更新键对应的值。

例 6.6　添加或修改字典元素,示例代码如下所示。

```
d ={'name':'xm','age':18}
#字典元素的添加与修改
#方法一: 字典名[键]=值
d['sex']='男'          #添加新的键值对
print(d)              #输出: {'name': 'xm', 'age': 18, 'sex': '男'}
d['sex']='女'          #修改现有键的值
print(d)              #输出: {'name': 'xm', 'age': 18, 'sex': '女'}
#方法二: update()
d1 ={'hobby':'游泳'}
d.update(d1)          #添加新的键值对
print(d)              #输出: {'name': 'xm', 'age': 18, 'sex': '女', 'hobby': '游泳'}
```

代码中分别使用"字典名[键]=值"和 update() 函数添加和修改字典元素,当键在字典中已存在时,更新键对应的值。

### 6.3.2 字典与字典元素的删除

**1. 删除字典**

使用 del 命令可以删除整个字典,字典删除后将不能再次访问,语法格式如下所示。

del 字典名

**2. 删除字典元素**

想要删除字典中的元素,可以使用 del 命令、clear() 函数、pop() 函数以及 popitem() 函数等方法实现。

(1) del 命令。

del 命令除了可以删除整个字典外,也可以删除字典中的某一个元素,语法格式如下所示。

```
del 字典名[键]
```

（2）clear()函数。

clear()函数可以将字典中的所有元素删除,保留一个空字典,与 del 命令不同,该字典能够被再次访问,语法格式如下所示。

```
字典名.clear()
```

（3）pop()函数。

pop()函数可以随机删除字典中的某一个元素并返回其对应的键值对,语法格式如下所示。

```
字典名.pop(键[,默认值])
```

当键在字典中不存在时,pop()函数返回第二个参数默认值,如果未设置默认值,系统则会报错。

（4）popitem()函数。

popitem()函数可以删除字典中最后一对键值对,并将删除的键值对返回,语法格式如下所示。

```
字典名.popitem()
```

例 6.7 删除字典与字典元素,示例代码如下所示。

```
d = {'name': 'xm', 'age': 18, 'sex': '女', 'hobby': '游泳'}
d1 = {'hobby':'游泳'}
#字典与字典元素的删除
del d['hobby']              #方法一: del 命令删除字典 d 的元素
print(d)                    #输出: {'name': 'xm', 'age': 18, 'sex': '女'}
del d                       #删除字典 d
d1.clear()                  #方法二: clear()函数
print(d1)                   #输出: {}
#方法三: pop()函数
d = {'name':'xm','age':18}
print(d.pop('age'))         #输出: 18
#方法四: popitem()函数
print(d.popitem())          #输出: ('name', 'xm')
```

代码中分别使用 del 命令、clear()函数、pop()函数以及 popitem()函数删除字典和字典元素,当使用 del 命令删除字典 d 后,字典 d 不能再使用,需重新定义后再次访问。

## 【任务实现】

视频讲解

### 1. 分析代码

通过任务分析可知,首先需要创建一个字典 menu 来存储菜品信息,并使用循环语句保障程序持续运行,然后可以将菜单管理系统分为三部分,分别是选择功能、实现功能与结束。

(1)选择功能:可以使用 print()函数提供一个系统界面,并使用 input()函数选择功能。

(2)实现功能:根据用户选择的功能,通过字典的基本操作分别进行查看菜单、添加菜品、删除菜品、清空菜单、更改菜品价格以及退出操作。在查看菜单功能中,可通过 for 循环遍历字典 menu,并使用 print()函数格式化打印输出菜单的菜品名称和价格;在添加和更改菜品功能中,可使用 menu[name]=price 添加或修改菜品价格;在删除菜品功能中,可先通过 not in 判断菜品名称是否存在,然后再通过 del menu[name]命令删除;在清空菜单功能中,可使用 clear()函数清空菜单。

(3)结束:使用 break 跳出循环,退出系统。

2. 编写代码

(1)启动 PyCharm,选择菜单 File→New Project,指定项目位置为 D:\chapter06。

(2)右击项目文件夹 chapter06,在弹出的快捷菜单中选择 New→Python file,在弹出的新建 Python 文件对话框中输入文件名 MenuManagement,类别为 Python file。

(3)在 MenuManagement.Py 文件的代码编辑窗口,输入如下代码。

```python
menu ={}
while True:
#选择功能
print('菜单管理系统')
print('=' * 20)
print('1、查看菜单')
print('2、添加菜品')
print('3、删除菜品')
print('4、清空菜单')
print('5、更改菜品价格')
print('6、退出')
print('=' * 20)
n =int(input('请输入菜单号:'))
if n==1:
    #查看菜单
    for key in menu:
        print('{}{:.2f}元'.format(key,menu[key]))
elif n==2:
    #添加菜品
    name =input('请输入菜品名称:')
    price =float(input('请输入菜品价格:'))
    menu[name] =price
elif n ==3:
    #删除菜品
    name =input('请输入要删除的菜品名称:')
    if name not in menu:
        print('您输入的菜品不存在')
    else:
        del menu[name]
elif n ==4:
    #清空菜单
    menu.clear()
elif n ==5:
```

```
        #更改菜品价格
        name = input('请输入要修改的菜品名称：')
        if name not in menu:
            print('您输入的菜品不存在')
        else:
            price = float(input('请输入修改的菜品价格：'))
            menu[name] = price
    elif n == 6:
        #退出
        print('谢谢使用')
        break
    else:
        print('输入菜单号有误')
    #结束
    flag = input('是否退出(y/n)：')
    if flag == 'y':
        print('谢谢使用')
        break
```

3. 运行代码

按快捷键 Ctrl+Shift+F10 运行当前程序，对所有功能进行测试。其中，添加菜品功能、更改菜品价格功能运行结果如图 6.2 和图 6.3 所示。

```
菜单管理系统
====================
1、查看菜单
2、添加菜品
3、删除菜品
4、清空菜单
5、更改菜品价格
6、退出
====================
请输入菜单号：2
请输入菜品名称：地三鲜
请输入菜品价格：28
是否退出（y/n）：
```

图 6.2 添加菜品功能

```
请输入菜单号：5
请输入要修改的菜品名称：地三鲜
请输入修改的菜品价格：30
是否退出（y/n）：n
菜单管理系统
====================
1、查看菜单
2、添加菜品
3、删除菜品
4、清空菜单
5、更改菜品价格
6、退出
====================
请输入菜单号：1
地三鲜30.00元
是否退出（y/n）：
```

图 6.3 更改菜品价格功能

## 【任务总结】

通过本任务的学习，掌握了复合数据类型字典的用法。字典是由“键值对”组成的无序可变序列，常应用在以 Key 检索 Value 的数据记录场景。在使用字典时需要注意以下几点。

- 键的唯一性：字典中的键必须是唯一的。如果有重复的键,字典只会保留最后一个键值对。
- 键的不可变性：字典的键必须是不可变的,可以使用数字、字符串或元组作为键,但不能使用列表或其他可变类型作为键。
- 无序性：字典是无序的,不能通过索引来访问元素。
- 可变性：字典是可变的,可以在运行时添加、修改或删除键值对。但是,一旦一个键被添加到字典中,这个键就不能再改变,而只能改变与这个键相关联的值。
- 嵌套：字典可以嵌套,即字典的值可以是另一个字典。但是,字典的键不能是另一个字典,这会导致类型错误。
- 直接访问字典元素时,访问的键必须存在,否则程序就会报错。建议先判断字典中是否有对应的键再进行访问。通过函数访问字典元素,则无须提前判断键是否存在。

## 【巩固练习】

一、选择题

1. 以下不能生成空字典的是(        )。

    A. {}                B. {[]}                C. dict()                D. dict([])

2. 下列方法中,能够获取字典中所有元素的是(        )。

    A. item()               B. items()               C. keys()              D. values()

3. 以下代码的输出结果是(        )。

```
d={'a':1,'b':2,'c':3}
print(d['b'])
```

    A. 1                B. 2                C. 3                D. {'b':2}

二、填空题

1. 字典中每个元素是由两部分组成的,分别为_____和_____。

2. 如果不确定字典中是否存在某个键而获取它的值时,则可以使用_____方法进行访问。

三、编程题

1. 分别使用{}及dict()函数创建字典{'白菜':'3元','土豆':'4元','豆角':'8元'}并输出。

2. 定义字典d为{'白菜':'3元','土豆':'4元','豆角':'8元'},添加一个茄子、4.5元的元素、删除字典d中的土豆,并输出。

## 【任务拓展】

1. 编写程序,设计一个简单的图书管理系统。使用字典存放图书,字典的键为图书ISBN号,值为图书名称和数量,系统功能包括查看全部书单、按ISBN号查看图书名称和图书数量、添加图书、删除图书、清空书单、更改图书名称、退出。

2.编写程序,随机生成 1~100 的 1000 个整数,使用字典输出所有不同的数字及每个数字的重复次数。

# 任务 2　自助点餐系统设计

## 【任务提出】

运用 PyCharm 开发工具编写 Python 程序,设计一个简单的自助点餐系统,系统的主要功能包括查看已点菜品、添加菜品、删除菜品、清空已点菜品、退出等。注意,已点菜品中不能出现重复的菜品。自助点餐系统界面如图 6.4 所示。

## 【任务分析】

本任务主要实现的是顾客点餐功能,可以使用字典存放所有菜品信息;对于已点菜品,由于要求菜品名称不能重复,因此可以使用集合来存放已点菜品名称;最后通过集合的基本操作完成自助点餐系统的各项功能。具体的任务实施分析如下。

1. 创建 Python 程序 OrderingSystem.py。
2. 完成系统操作界面显示设计。
3. 创建一个字典,用来存放所有菜品。
4. 创建一个集合,用来存放已点菜品名称。
5. 通过 input()函数接收用户的选择。
6. 使用集合的基本操作完成自助点餐功能。
7. 测试运行程序,检验程序各项功能。

自助点餐系统

====================

1、查看已点菜品

2、添加菜品

3、删除菜品

4、清空已点菜品

5、退出

====================

请输入菜单号:

图 6.4　自助点餐系统界面

## 【知识准备】

### 6.4　集合的基本概念

视频讲解

当需要存放一组不重复的数据时,前面学习的列表和元组都只能逐个比较是否重复,有重复的元素时删除元素,这样存放一组不重复的数据速度较慢、效率较低。而字典只能存放具有映射关系的元素。是否有一个数据类型可以在创建或添加数据时直接删除重复元素?在 Python 中,集合可以达到这个目的。集合是一个无序的、不重复元素序列,用于成员关系测试和消除重复元素。

### 6.4.1 集合的概述

Python 中的集合与数学的集合类似,它是一个由不同元素组成的无序序列。与列表和元组不同,集合不支持索引、切片等序列的操作。如图 6.5 所示,1~10 的所有质数,包括 2、3、5、7,它们是由不同元素组成的无序序列,因此是一个集合。

集合有 3 个特点,分别是无序性、多样性、唯一性。

- 无序性是指集合中保存的元素是没有顺序的。
- 多样性是指集合中可以保存多种数据类型的元素。
- 唯一性是指集合中的元素都是唯一存在的,不会重复出现。

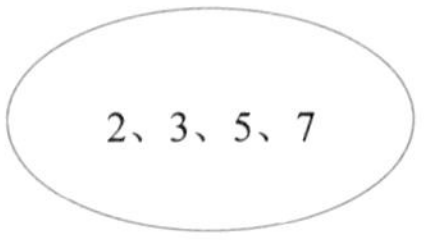

2、3、5、7

图 6.5    1~10 的所有质数
组成的集合

### 6.4.2 集合的类型

Python 中的集合有可变集合和不可变集合两种类型。可变集合能够对集合中的元素进行修改,而不可变集合在创建后,其元素不可修改。

### 6.4.3 集合的创建

在 Python 中可以使用花括号"{}"或者 set()函数来创建一个集合。

**1. 使用花括号创建集合**

在花括号中添加使用逗号分隔的元素,语法格式如下所示。

```
集合名 ={ 元素 1,元素 2,…,元素 n }
```

**2. 使用 set()函数创建集合**

通过给 set()函数传递可迭代对象,可将对象转换为集合。该对象可以是字符串、元组、列表等。此外,使用 frozenset()函数可以创建一个不可变集合,语法格式如下所示。

```
集合名 =set(iteration)
或    集合名 =frozenset(iteration)
```

例 6.8    创建集合,示例代码如下所示。

```
s ={1,'a',(1,2)}              #使用花括号创建集合
s2 =set('hello')             #set()函数创建集合
print(s)
print(s2)
s3 =frozenset('world')       #frozenset() 函数创建不可变集合
print(s3)
```

代码中分别使用了花括号"{}"及 set()函数创建集合 s1、s2,使用 frozenset()函数创建不可变集合 s3,并自动去除重复元素,运行结果如下所示。

```
{1, (1, 2), 'a'}
{'l', 'o', 'h', 'e'}
frozenset({'r', 'l', 'o', 'd', 'w'})
```

注意：由于集合元素的无序性，每次运行代码显示的结果中，集合元素的顺序可能不一样。

使用花括号创建集合时，花括号中必须包含至少一个元素，当花括号中没有元素时会创建一个空字典。想要创建空集合可以使用 set() 函数的方式，代码如下所示。

```
s = {}
s2 = set()
print(type(s))
print(type(s2))
```

上述代码中，通过花括号创建的是空字典，通过 set() 函数创建的是空集合，使用 type() 函数获取 s、s2 的类型，输出 s 为字典类型、s2 为集合类型，运行结果如下所示。

```
<class 'dict'>
<class 'set'>
```

## 6.5 集合的基本操作

集合是可变数据类型，因此集合中的元素可以修改，也就是说，可以对集合元素进行添加、删除等操作。

### 6.5.1 集合元素的添加

**1. 通过 add() 函数添加元素**

使用 add() 函数将一个元素添加到集合中，如果元素已存在，则不进行任何操作，语法格式如下所示。

```
集合名.add(元素)
```

**2. 通过 update() 函数添加元素**

使用 update() 函数将原有集合中的元素和其他可迭代对象中的元素共同构成新的集合来更新原有集合，其参数可以是列表、元组、字典等，语法格式如下所示。

```
集合名.update(iteration)
```

例 6.9　添加集合元素，示例代码如下所示。

```
s = set()
s.add(2)
print(s)            #输出：{2}
s.update([2,3,4])
print(s)            #输出：{2, 3, 4}
```

### 6.5.2 集合元素的删除

**1. 通过 remove() 函数删除元素**

使用 remove() 函数删除集合中的指定元素，如果元素不存在，则会发生错误，语法格式如下所示。

```
集合名.remove(元素)
```

**2. 通过 discard()函数删除元素**

使用 discard()函数删除集合中的指定元素,如果元素不存在,不做任何操作,也不会报错,语法格式如下所示。

```
集合名.discard(元素)
```

**3. 通过 pop()函数删除元素**

使用 pop()函数可以随机删除集合中的一个元素并返回该元素,语法格式如下所示。

```
集合名.pop()
```

**4. 通过 clear()函数删除元素**

使用 clear()函数可以清除集合中所有元素,语法格式如下所示。

```
集合名.clear()
```

例 6.10　删除集合元素,示例代码如下所示。

```
s = {2,3,4}
s.remove(2)
print(s)              #输出:{3, 4}
s.discard(2)
print(s)              #输出:{3, 4}
print(s.pop())        #输出:3
print(s)              #输出:{ 4}
s.clear()
print(s)              #输出:set()
```

代码中分别使用 remove()函数、discard()函数、pop()函数和 clear()函数删除集合元素,在使用 discard()函数删除集合中不存在的元素 2 时,程序无任何操作,也没有报错。

### 6.5.3　集合元素的查找

Python 集合中元素是无序的,因此无法通过下标等形式获取,但 Python 提供了 in、not in 操作符,可以用于判断元素在某集合中是否存在。

例 6.11　集合元素的查找,示例代码如下所示。

```
s = {2,3,4}
print('a' in s)           #输出:False,判断 a 是否在集合 s 中
```

## 6.6　集合类型的操作符

集合类型的操作符包含基础操作符、关系操作符以及增强操作符。

### 6.6.1 基础操作符

集合类型的基础操作有四种,与数学中的集合运算类似,分别是交集、并集、差集以及对称差集运算。

若有两个集合 S、T,集合 S 中包含元素 1、2、3,集合 T 中包含元素 2、3、4,那么两个集合的四种基础操作的关系如图 6.6 所示。

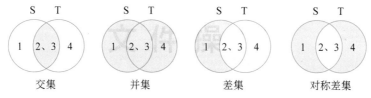

图 6.6 集合中四种基础操作的关系

**1. 交集操作**

交集操作是指取出两个集合中的公共元素形成一个新集合,可以通过"&"操作符或 intersection()函数实现。

**2. 并集操作**

并集操作是指取出两个集合中的所有元素形成一个新集合,可以通过"|"操作符或 union()函数实现。

**3. 差集操作**

差集操作是指在一个集合中取出另一集合没有的元素形成一个新集合,可以通过"-"操作符或 difference()函数实现。

**4. 对称差集操作**

对称差集操作是指取出两个集合中只属于自身集合的元素形成一个新集合,可以通过"^"操作符或 symmetric_difference()函数实现。

**例 6.12** 集合基础操作符的应用,示例代码如下所示。

```
#求集合 S 和集合 T 的交集
S={1,2,3}
T={2,3,4}
set1 =S&T                    #交集操作
set2 =S.intersection(T)      #交集操作
print(set1)                  #输出:{2, 3}
print(set2)                  #输出:{2, 3}
#求集合 S 和集合 T 的并集
S={1,2,3}
T={2,3,4}
set1 =S|T                    #并集操作
set2 =S.union(T)             #并集操作
print(set1)                  #输出:{1, 2, 3, 4}
print(set2)                  #输出:{1, 2, 3, 4}
#求集合 S 和集合 T 的差集
S={1,2,3}
```

```
T={2,3,4}
set1 =S-T                            #差集操作
set2 =S.difference(T)                #差集操作
print(set1)                          #输出：{1}
print(set2)                          #输出：{1}
#求集合 S 和集合 T 的对称差集
S={1,2,3}
T={2,3,4}
set1 =S^T                            #对称差集操作
set2 =S.symmetric_difference(T)      #对称差集操作
print(set1)                          #输出：{1, 4}
print(set2)                          #输出：{1, 4}
```

### 6.6.2 关系操作符

在 Python 中使用"＜＝""＜""＞＝""＞"来判断集合之间的包含关系，返回结果为 True 或 False。四种关系操作符的应用及描述如表 6.1 所示。

表 6.1 四种关系操作符的应用及描述

| 操 作 符 | 应 用 | 描 述 |
|---|---|---|
| ＜＝ | S＜＝T | 判断 S 是否为 T 的子集 |
| ＜ | S＜T | 判断 S 是否为 T 的子集且 S 与 T 不相等 |
| ＞＝ | S＞＝T | 判断 S 是否为 T 的超集 |
| ＞ | S＞T | 判断 S 是否为 T 的超集且 S 与 T 不相等 |

例 6.13　集合关系操作符的应用，示例代码如下所示。

```
S={1,2,3}
T={2,3,4}
#判断集合 S 是否为 T 的子集
print(S<T)               #输出：False
```

### 6.6.3 增强操作符

集合的交集、并集、差集以及对称差集还可以跟赋值运算一起构成增强运算操作，其作用是将两个集合交集、并集、差集以及对称差集的结果更新到第一个集合中，具体应用及描述如表 6.2 所示。

表 6.2 增强操作符的应用及描述

| 操 作 符 | 应 用 | 描 述 |
|---|---|---|
| &＝ | S&＝T | 执行集合 S 和 T 的交集操作并将结果更新到集合 S |
| ｜＝ | S｜＝T | 执行集合 S 和 T 的并集操作并将结果更新到集合 S |

续表

| 操 作 符 | 应 用 | 描 述 |
|---|---|---|
| -= | S-=T | 执行集合 S 和 T 的差集操作并将结果更新到集合 S |
| ^= | S^=T | 执行集合 S 和 T 的对称差集操作并将结果更新到集合 S |

例 6.14 集合增强操作符的应用,示例代码如下所示。

```
S={1,2,3}
T={2,3,4}
#对集合 S、T 进行交集运算并将结果更新到集合 S,输出集合 S
S&=T
print(S)                    #输出: {2, 3}
```

## 【任务实现】

### 1. 分析代码

通过任务分析可知,首先需要创建一个字典 menu 用来存储所有菜品信息,然后使用 set()函数创建一个空集合 clickedMenu 来存储已点菜品名称,接着使用循环语句保障程序持续运行,最后可将自助点餐系统分为三部分,即选择功能、实现功能与结束。

视频讲解

(1) 选择功能:可使用 print()函数提供一个系统界面,并使用 input()函数选择功能。

(2) 实现功能:根据用户选择的功能,通过集合的基本操作分别查看已点菜品、添加菜品、删除菜品、清空已点菜品以及退出操作。在查看已点菜品功能中,可以通过 for 循环遍历集合 clickedMenu,并通过 print()函数打印输出菜品名称;在添加菜品功能中,可使用 add()函数将菜品添加到集合 clickedMenu 中;在删除菜品功能中,应先通过 not in 判断输入的名称在 clickedMenu 中是否存在,然后再通过 remove()函数删除;在清空菜单功能中,可使用 clear()函数清空菜单。

(3) 结束:使用 break 跳出循环,退出系统。

### 2. 编写代码

(1) 启动 PyCharm,右击项目文件夹 chapter06,在弹出的快捷菜单中选择 New→Python file,在弹出的新建 Python 文件对话框中输入文件名 OrderingSystem,类别为 Python file。

(2) 在 OrderingSystem.Py 文件的代码编辑窗口,输入如下代码。

```
menu ={'粉皮鸡蛋':25,'地三鲜':25,'手撕包菜':26,'宫保鸡丁':34,'木须肉':35,'鱼香肉丝':35,
'水煮肉片':39}
clickedMenu =set()
while True:
#选择功能
print('自助点餐系统')
print('=' * 20)
```

```
print('1、查看已点菜品')
print('2、添加菜品')
print('3、删除菜品')
print('4、清空已点菜品')
print('5、退出')
print('=' * 20)
n = int(input('请输入菜单号: '))
#实现功能
if n ==1:
    #查看已点菜品
    for item in clickedMenu:
            print(item,end =' ')                    #修改打印结束符为空格
elif n ==2:
    #添加菜品
    print('菜单')
    for key in menu:
            print('{}{:.2f}元'.format(key, menu[key]))
    name =input('请输入要添加的菜品名称: ')
    if name in clickedMenu:
            print('您输入的菜品已添加')
    else:
            clickedMenu.add(name)
elif n ==3:
    #删除菜品
    for item in clickedMenu:
            print(item,end =' ')
    name =input('请输入要删除的菜品名称: ')
    if name not in clickedMenu:
            print('您输入的菜品不存在')
    else:
            clickedMenu.remove(name)
elif n ==4:
    #清空已点菜品
    clickedMenu.clear()
  elif n ==5:
    #退出
    print('谢谢使用')
    break
else:
    #输入错误提示
    print('输入菜单号有误')
#结束
flag =input('是否退出(y/n): ')
if flag =='y':
    print('谢谢使用')
    break
```

**3. 运行代码**

按快捷键 Ctrl＋Shift＋F10 运行当前程序，对所有功能进行测试。其中，查看已点菜品

功能、添加菜品功能运行结果如图 6.7 和图 6.8 所示。

鱼香肉丝35.00元

水煮肉片39.00元

请输入要添加的菜品名称：地三鲜

是否完成点餐（y/n）：n

自助点餐系统

====================

1、查看已点菜品

2、添加菜品

3、删除菜品

4、清空已点菜品

5、退出

====================

请输入菜单号：1

地三鲜 是否完成点餐（y/n）：

图 6.7 查看已点菜品功能

3、删除菜品

4、清空已点菜品

5、退出

====================

请输入菜单号：2

菜单

糖皮鸡蛋25.00元

地三鲜25.00元

手撕包菜26.00元

宫保鸡丁34.00元

木须肉35.00元

鱼香肉丝35.00元

水煮肉片39.00元

请输入要添加的菜品名称：地三鲜

图 6.8 添加菜品功能

# 【任务总结】

通过本任务的学习，读者可以掌握复合数据类型集合的用法。集合是一个由不同元素组成的无序序列，因此集合中的元素不可重复，它常应用在不可重复的数据记录场景。在使用时需要注意以下几点。

- 无序性：集合是无序的，向集合中添加元素或遍历集合时，元素的顺序可能会发生变化。
- 唯一性：集合中的元素是唯一的，任何重复的元素在添加到集合时都会被自动去除。
- 结果类型：集合运算（如并集、交集、差集和对称差集）的结果仍然是集合类型。
- 空集合的创建：要创建一个空集合，必须使用 set() 函数，而不是花括号。花括号在 Python 中被用来表示空字典。
- 添加集合元素：通过 add() 函数或 update() 函数可以在集合中添加元素。add() 函数只能添加一个元素，而 update() 函数会将可迭代对象中的元素拆分后添加到集合中，因此若想添加一个字符串，可使用 add() 函数，而不能使用 update() 函数添加。
- 集合的比较：集合支持使用比较运算符（例如 ==、!=、<、<=、>、>=）进行比较，但是，这些比较是基于集合的元素，而不是元素的顺序。
- 注意异常处理：在进行集合操作时，特别是涉及删除元素的操作，如果元素不存在于集合中，remove() 会抛出 KeyError 异常，而 discard() 则不会。

# 【巩固练习】

## 一、选择题

1. 以下不能创建集合的语句是(　　)。

　　A. s1＝set()　　　　　　　　　　　B. s2＝set("hello")

　　C. s3＝{}　　　　　　　　　　　　 D. s4＝frozenset((1,2,3))

2. 有 a＝set("hello")，则 a.remove('l')后 a 的值是(　　)。

　　A. {'h', 'e', 'l', 'o'}　　　　　　　　B. {'h', 'e', 'o'}

　　C. {'h', 'e', 'l', 'l', 'o'}　　　　　　D. ['h', 'e', 'o']

3. 以下代码输出的结果为(　　)。

```
s1={1,2,2,3,3,3,4}
s2={1,2,5,6,4}
print(s1&s2)
```

　　A. {1, 2, 4}　　　　　　　　　　　　B. {1,2,3,4}

　　C. {1,2,3,4,5,6}　　　　　　　　　 D. {1,2,5,6,4}

## 二、填空题

1. 集合是一个无序、_____的数据集，它包括_____和_____两种类型。

2. 创建一个集合可以使用_____、_____。

## 三、编程题

1. 分别使用{}及 set()函数创建集合，包含 1、2、3、a、b、c 元素，在集合中添加元素 h，并删除集合中元素 a 及其余任意一个元素，输出集合。

2. s1＝{1，2，3，5，6，3，2}，s2＝{2，5，7，9}，求在 s1 中且不在 s2 中的数。

# 【任务拓展】

1. 编写程序，设计一个简单的自助借书系统。定义一个字典 books 存放图书信息，books＝{'9787115613639':['Python 编程从入门到实践',5],'9787115637505':['Hello 算法',7],'9787111407010':['算法导论',3],'9787111705673':['计算机网络：系统方法',4]}，字典的键为图书 ISBN 号，值为图书名称和数量，定义一个空集合 book 用来存放已借图书名称，同时系统包括查看已借图书、借阅图书、归还图书、归还所有图书、退出功能。

2. 编写程序，定义两个集合分别用来存放选修 Python 程序设计课程和 Java 程序设计课程的学生名单，求出有哪些学生既选了 Python 程序设计课程，又选了 Java 程序设计课程。

# 项目 7

## 函数应用

在编写复杂的 Python 程序过程中,如果出现一段代码在程序的多个地方被重复使用,或者需要将程序按照功能拆分成多个模块时,都可以通过函数来实现。那么,什么是函数呢?简单来说,函数就是一段封装好的、可以重复使用的、用来实现单一或相关联功能的代码段。

函数实现了代码的模块化,在代码中应用函数能提高代码的重复利用率,同时有助于增强程序的可读性、提高程序的可维护性。

在本项目中,将通过完成三个具体任务:简易计算器、汽车进销存管理系统、汉诺塔游戏,来系统地学习 Python 中函数的定义、调用、递归与嵌套等内容。通过任务的实践,读者将全面掌握函数在 Python 编程中的应用。

### 【学习目标】

**知识目标**

1. 了解函数的概念及作用。
2. 理解函数的模块化设计思想。
3. 掌握函数的定义和调用方法。
4. 理解函数的参数传递方式。
5. 理解 return 语句的作用和用法。
6. 理解函数的局部变量和全局变量。
7. 理解函数的递归和嵌套用法。

**能力目标**

1. 能够根据功能需求定义函数。
2. 能够根据功能需求定义嵌套函数。
3. 能够运用不同的方式传递函数参数。
4. 能够熟练运用匿名函数。
5. 能够熟练运用递归函数解决复杂的问题。
6. 能够处理函数的异常和错误。

### 【建议学时】

6 学时。

# 任务 1　简易计算器设计

## 【任务提出】

运用 PyCharm 开发工具编写 Python 程序,设计一个简易的计算器,要求该计算器能实现两个数字的加、减、乘、除(＋、－、＊、/)运算等功能,其中每一种运算都要求通过调用函数来完成。简易计算器的运行效果如图 7.1 所示。

## 【任务分析】

本任务主要完成的是两个数字的加、减、乘、除运算,在运行的过程中,根据用户选择的运算来调用不同的函数完成计算,并给出计算结果,具体的任务实施分析如下。

```
------------ 简易计算器 ------------
选择一个运算:
1. 加法
2. 减法
3. 乘法
4. 除法
5. 退出
输入选项编号: 2
输入第一个数: 10
输入第二个数: 6
结果: 4.0
```

图 7.1　简易计算器的运行效果

1. 创建 Python 程序 cal.py。
2. 设计命令行用户界面,向用户展示可用的运算选项。
3. 为加、减、乘、除每一种运算设计一个运算函数。
4. 通过 input 函数接收用户的输入,调用相应的函数进行计算。
5. 运行测试程序,通过验证输出的计算结果来测试程序。

## 【知识准备】

### 7.1　函数概述

Python 中的函数可以分为内置函数、标准库函数、第三方库函数和用户自定义函数 4 种类型。

- 内置函数:Python 语言自带的函数,可以直接在任何 Python 程序中使用,无须导入任何库。例如,print()、len()、type()、int()、float()、str()等。
- 标准库函数:Python 的标准库包含了许多模块,这些模块提供了大量的函数来处理各种常见任务。要使用这些函数,需要首先导入相应的模块。例如,math 模块提供了各种数学函数,例如 sqrt()、sin()、cos()等,OS 模块则提供了与操作系统交互的函数,例如 exists()、listdir()等。
- 第三方库函数:除了标准库之外,还有许多第三方库可供 Python 程序员使用。这些库通常需要通过包管理器 pip 进行安装,然后才能在程序中使用。例如,numpy 库提供了大量的数值计算函数,pandas 库提供了数据处理和分析的函数,matplotlib

库提供了绘图函数等。

- 用户自定义函数：除了使用内置函数和库函数之外，Python 还允许程序员根据特定的需求定义自己的函数。

## 7.2 函数的定义

视频讲解

在 Python 中，函数的定义从使用 def 关键字开始，接着是函数名、参数列表、冒号，还包括函数体和 return 语句，函数体中包含了函数要执行的语句，具体的语法格式如下所示。

```
def 函数名(参数列表):
    [ """
      文档字符串
      """    ]
    函数体              #实现特定功能的一行或者多行语句
    return [返回值]
```

语法格式说明如下所示。

- def：Python 中定义函数的关键字，标志着函数定义的开始。
- 函数名：函数的唯一标识符，其命名方式遵循标识符的命名规则。
- 参数列表：可选的，可以有零个、一个或者多个参数，多个参数之间使用逗号隔开。根据参数的有无，函数分为有参函数和无参函数。
- 冒号：用于标记函数体的开始。
- 文档字符串：可选的，通常放在函数定义的上方，用来说明函数的作用、参数和返回值。Python 不会执行文档字符串中的内容。
- 函数体：函数每次调用时执行的代码，由一行或多行 Python 语句组成。
- return [返回值]：可选的，用于指定函数执行完毕后返回的值。如果省略 return 语句，或者 return 后没有跟任何值，那么函数将返回 None。

例 7.1　定义一个求长方形面积的函数，示例代码如下所示。

```
def area():
    result =10 * 6
    print(result)
```

这里定义的函数 area()是一个无参函数，它仅用于计算长为 10、宽为 6 的长方形的面积，具有很大的局限性。

下面来定义一个带有 2 个参数的面积计算函数，用于接收长方形的长度、宽度，修改后的代码如下所示。

```
def area_modify(a,b):
    result =a * b
    print(result)
```

## 7.3 函数的调用

函数定义完成后,函数中的代码块不会被立刻执行,必须通过调用函数的方式执行。调用函数时,需要给出函数名、圆括号及参数列表。调用函数语法格式如下所示。

函数名([参数列表])

其中,参数列表中的参数,可以是常量、变量、表达式、函数等。实参应当与定义该函数时指定的参数按顺序一一对应,而且数据类型要保持兼容。

下面以函数 area_modify() 的定义及调用为例,对函数调用的过程进行说明。

```
1   def area_modify(a,b):
2       result = a * b
3       print(result)
4   area_modify(9,7)
```

上述代码中,函数调用语句 area_modify(9,7) 中的参数值 9、7 会按照从左到右的顺序对应传递给函数定义中的参数 a 和 b。area_modify() 函数的调用过程如图 7.2 所示。

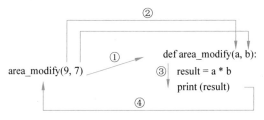

图 7.2 area_modify( ) 函数的调用过程

- 执行第 1~3 行代码时,判定此处定义了一个函数,它将函数名和函数体存储在内存空间中,但不执行。
- 执行到第 4 行代码时,由于此处调用了 area_modify() 函数,将参数值 9、7 传递给 a、b,转而执行 area_modify() 函数体中的语句。
- area_modify() 函数体执行结束之后,继续执行 area_modify(9,7) 后面的语句。

此外,在函数的内部也可以调用其他自定义函数,称为函数的嵌套调用。例如,在 area_modify() 函数内部增加调用 area() 函数,代码如下所示。

```
def area():
    result = 10 * 6
    print(result)
def area_modify(a, b):
    result = a * b
    area()
    print(result)
area_modify(9,7)
```

## 7.4 函数的嵌套定义

函数在定义时可以在其内部嵌套定义另外一个函数,嵌套的函数称为外层函数,被嵌套的函数称为内层函数。

例 7.2 嵌套定义函数,示例代码如下所示。

```
def outer():
    print("这是外层函数")
    def inner():
        print("这是内层函数")
outer()
```

运行结果如下所示。

```
这是外层函数
```

由运行结果可知,程序没有执行内层函数的打印语句,只输出了外层函数的打印语句,这说明内层函数没有被调用。修改上述代码,如下所示。

```
def outer():
    print("这是外层函数")
    def inner():
        print("这是内层函数")
    inner()              #在 outer 函数中调用 inner()函数
outer()
```

运行结果如下所示。

```
这是外层函数
这是内层函数
```

## 【任务实现】

**1. 分析代码**

首先,根据任务的功能需求,自定义 4 个函数 add()、subtract()、multiply()、divide(),分别实现加法、减法、乘法和除法功能,每个函数定义两个参数,用于接收参与运算的 2 个数字,并将运算结果作为函数的返回值。在执行除法运算时,需要考虑除数是否为 0 的情况,以免出现程序异常。

视频讲解

接着,使用 while 循环语句保障程序持续运行,直至用户选择退出系统为止。在 while 循环体中包含三部分,如下所示。

(1) 使用 print()函数输出简易计算器的操作界面,并使用 input()函数接收用户的输入。

(2) 根据用户的功能选择和计算的数字,调用对应的函数进行计算,并输出计算结果。

（3）通过 break 语句结束程序运行。

**2. 编写代码**

（1）启动 PyCharm，选择菜单 File→New Project，指定项目位置为 D:\Chapter07。

（2）右击项目文件夹 Chapter07，在弹出的快捷菜单中选择 New→Python File，在弹出的新建 Python 文件对话框中，输入文件名 cal.py，类别为 Python file。在代码编辑窗口中输入如下代码。

```python
def add(x, y):
    """加法运算"""
    return x + y
def subtract(x, y):
    """减法运算"""
    return x - y
def multiply(x, y):
    """乘法运算"""
    return x * y
def divide(x, y):
    """除法运算"""
    if y != 0:
        return x / y
    else:
        return "除数不能为零"
# 主程序循环
while True:
    print("------------简易计算器------------\n选择一个运算:")
    print("1. 加法")
    print("2. 减法")
    print("3. 乘法")
    print("4. 除法")
    print("5. 退出")
    choice = input("输入选项编号: ")
    if choice in ('1', '2', '3', '4'):
        num1 = float(input("输入第一个数: "))
        num2 = float(input("输入第二个数: "))
        if choice == '1':
            print(f"结果: {add(num1, num2)}")
        elif choice == '2':
            print(f"结果: {subtract(num1, num2)}")
        elif choice == '3':
            print(f"结果: {multiply(num1, num2)}")
        elif choice == '4':
            print(f"结果: {divide(num1, num2)}")
    elif choice == '5':
        print("退出程序.")
        break
    else:
        print("无效的选项，请重新输入。")
```

**3. 运行代码**

按快捷键 Ctrl＋Shift＋F10 运行当前程序,对所有功能进行测试。

## 【任务总结】

通过本任务的学习,读者可以掌握函数的作用、类型,以及函数的定义、调用方法。在定义和调用函数时,需要注意以下几点。

- 函数命名:函数名应该遵循 Python 的标识符命名规则,一般使用小写字母和下画线的组合,应该能够简单、清晰地表达函数的功能。
- 嵌套定义:定义嵌套函数时,在嵌套的外层函数体外,无法调用嵌套的内层函数。
- 参数匹配:在调用函数时,必须提供正确数量和类型的参数。如果参数数量或类型不匹配,Python 会报错。
- 返回值:函数可以通过 return 语句返回一个值。如果没有 return 语句,或者 return 后面没有跟任何值,那么函数会返回 None。
- 文档字符串:可以为每个函数添加文档字符串,以描述函数的功能、参数和返回值。有助于其他人理解代码并对后期代码进行维护。

## 【巩固练习】

一、选择题

1. Python 中定义函数的关键字是(　　)。

　　A. define　　　　　B. function　　　　C. def　　　　　D. func

2. (　　)不是函数调用的正确方式。

　　A. add(3,4)　　　B. sum(3,4)　　　C. 3＋4　　　　D. add(x＝3,y＝4)

3. (　　)不是函数定义的组成部分。

　　A. 参数列表　　　B. 函数体　　　　C. 函数名称　　　D. 函数类型

4. 函数可以有(　　)返回值。

　　A. 0 个　　　　　B. 1 个　　　　　C. 2 个　　　　　D. 任意多个

5. (　　)不是函数调用的形式。

　　A. sum ＝ add(3,5)　　　　　　　B. result ＝ add(3,5)
　　C. total ＝ add(3＋5)　　　　　　D. nums ＝ [1,2,3]

二、填空题

1. 在 Python 中,函数是通过使用关键字_____来定义的。

2. 函数定义的一般形式是_____。

3. 函数调用的方式是将函数名后面跟上一对圆括号,其中包含传递给函数的_____。

4. 函数调用的结果通常被存储在一个变量中,这个变量被称为_____。

三、编程题

1. 编写一个函数，对自然数 1～n 累加求和。

2. 编写一个函数，统计一个英文字符串中所有单词的长度之和。

3. 编写程序，实现判断闰年的功能，如果用户输入的是闰年，则输出"这是闰年"，否则输出"这不是闰年"。

## 【任务拓展】

1. 编写程序，设计一个成绩分级系统，实现将一个百分制成绩划分为"优秀""良好""中等""及格""不及格"五个等级的功能，其中，90 分及以上为"优秀"、80～89 分为"良好"、70～79 分为"中等"、60～69 分为"及格"、60 分以下为"不及格"。

2. 编写程序，实现敏感词替换的功能，针对字符串中的敏感词使用 * 等特殊字符进行替代显示。

# 任务 2  汽车进销存管理系统设计

## 【任务提出】

运用 PyCharm 开发工具编写 Python 程序，设计一个简单的进销存管理系统，用于实现汽车 4S 店的进销存业务管理，需要维护的汽车信息包括汽车品牌、颜色、价格、数量等。系统具有添加、删除、修改、查询汽车信息以及退出功能，运行界面如图 7.3 所示。

```
=========================================
汽车进销存管理系统  V1.0
1.汽车信息入库
2.删除汽车信息
3.修改汽车信息
4.查询所有汽车信息
0.退出系统
=========================================
请输入功能对应的数字：1
请输入新车品牌：比亚迪
请输入新车的颜色：红色
请输入新车的价格：220000
请输入新车的数量：99
```

图 7.3  汽车进销存管理系统

## 【任务分析】

本任务主要实现的是汽车信息添加、修改、删除、查询等功能，可以根据功能要求设计不同的功能模块函数，通过调用模块函数并传递相应参数实现业务处理，具体的任务实施分析如下所示。

1. 创建 Python 程序 car.py。

2. 定义一个列表用于存放所有的汽车信息。

3. 设计系统操作界面，接收用户的输入操作。

4. 根据功能模块设计要求，为每项功能编写函数，在函数主体中设计业务处理逻辑。

5. 根据用户的功能选择，调用并传递参数给不同的模块函数，实现业务功能。

6.运行测试程序,逐项测试各项功能是否正常。

## 【知识准备】

在 Python 中,将定义函数时设置的参数称为形式参数(简称形参),而将函数调用时传入的实际值称为实际参数(简称实参)。函数参数的传递是指将实际参数传递给形式参数的过程。

参数的传递方式可以分为位置参数传递、关键字参数传递、默认值参数传递、可变参数传递、混合参数传递等。

## 7.5 位置参数传递

视频讲解

在 Python 中调用函数时,默认是按照位置顺序将实参传递给对应的形参,即将第 1 个实参传递给第 1 个形参、第 2 个实参传递给第 2 个形参,以此类推,这种传递方式称为位置参数传递。

在调用函数时,实参的数量必须和形参的数量保持一致,否则 Python 会抛出 TypeError 异常,并提示缺乏必要位置的参数。

**例 7.3** 按位置传递参数,示例代码如下所示。

```
g_name =input('来访者姓名:')          #接收来访者姓名
g_tel =input('来访者电话:')           #接收来访者电话
def guest(name,tel):                  #自定义 guest()函数
    print(f'来访者姓名:{name}, 来访者电话:{tel}')
guest(g_name, g_tel)                  #调用 guest()函数
```

在上述代码中,通过 input()函数获取用户输入的姓名、电话,并存入变量 g_name 和 g_tel 中。自定义函数 guest()有两个形参 name 和 tel,调用 guest()函数时,将两个实参 g_name 和 g_tel 的值传递给形参 name 和 tel。

## 7.6 关键字参数传递

视频讲解

关键字参数传递是指通过"形参=实参"的格式,将形参与实参直接一一关联起来,语法格式如下所示。

```
函数名(关键字=值,关键字=值,...)
```

**例 7.4** 按关键字传递参数,示例代码如下所示。

```
#自定义 url()函数,有两个参数 http 和 port,分别用于接收链接地址和端口号
def url(http, port):
    print(f'网址: http:{http}:{port}')
```

通过关键字参数传递方式调用函数,可以使用如下两种形式所示。

```
url(http='www.baidu.com', port='8080')
url(port='8080', http='www.baidu.com')
```

运行结果如下所示。

```
网址：http:www.baidu.com:8080
网址：http:www.baidu.com:8080
```

相比按位置传递参数,按关键字传递参数的方式无须再关心函数定义时参数的顺序,直接在传递参数时指定对应名称即可。

在 Python 3.8 版本中新增了限定参数传递方式的功能,即可以通过符号"/"来限定在它前面的形参只接收按位置传递的实参。

例 7.5　使用符号"/"来限定参数的传递方式,示例代码如下所示。

```
def func (a, b, /, c):
    print(a, b, c)
#错误的调用方式
func (a=11, 22, 33)
func (11, b=22, 33)
#正确的调用方式
func (11, 22, c=33)
```

视频讲解

## 7.7　默认值参数传递

Python 允许为参数设置默认值,即在定义函数时,可以直接给形参指定一个默认值。在调用函数时,可以不给带有默认值的形参传值,直接使用默认值。指定参数默认值的语法格式如下所示。

```
函数名(参数=默认值)
```

例 7.6　默认值参数传递,示例代码如下所示。

```
def info(name,nationality='中国'):          #参数 nationality 默认值设为'中国'
    print(f'姓名：{name},国籍：{nationality}')
info('刘依依')                              #调用函数,参数使用默认值
info('曹操','魏国')                         #通过位置参数传递
info(name='刘备',nationality='吴国')        #可以关键字参数传递
```

运行结果如下所示。

```
姓名：刘依依 ,国籍：中国
姓名：曹操 ,国籍：魏国
姓名：刘备 ,国籍：吴国
```

上述代码中,自定义函数 info()有两个形参 name 和 nationality,其中,nationality 参数设置了默认值"中国",通过 info('刘依依')调用函数,此时实参"刘依依"传递给形参 name,

参数 nationality 使用默认值"中国"。由此可见,默认值参数传递并不要求实参与形参的数量相等。

在 Python 中,当使用可变对象(如列表、字典、集合等)作为函数的默认值时,需要特别注意。这是因为默认参数只在函数定义时计算一次,并且在后续的函数调用中重复使用。这意味着如果修改了作为默认参数的可变对象,那么这个修改会在后续所有的函数调用中持续存在,因为所有的调用都共享同一个可变对象。

例 7.7 共享参数默认值,示例代码如下所示。

```
def func(item,list=[]):
    list.append(item)
    return list
print(func(1))              #输出:[1]
print(func(2))              #输出:[1, 2],因为默认参数 list 只在函数定义时创建了一次
```

上述代码中,list 被定义为一个默认参数,其值为一个空列表。但是,每次调用 func()函数时,并没有创建一个新的空列表,而是重用在函数定义时创建的列表。因此,每次调用都会向同一个列表添加新的元素。

## 7.8 可变参数传递

视频讲解

若定义函数时不确定需要传递多少个参数,可以使用可变参数传递。可变参数传递的关键在于定义函数时,有以下两种传递形式。

- *args:表示接收任意数量的位置参数,以元组的形式传递给函数。
- **kwargs:表示接收任意数量的关键字参数,以字典的形式传递给函数。

例 7.8 通过元组传递参数值,示例代码如下所示。

```
def func(*args):
    print(f"args 的类型是{type(args)},值是: {args}")
func(1,2,3,4)
```

上述代码中,函数 func()的形参 args 前加了一个符号*,表明传递的多个参数按元组来对待。函数调用语句 func(1,2,3,4)传入了 4 个值,这 4 个值被形参 args 接收后,被当成元组来处理,即形参 args 变成了一个包含 4 个元素的元组。上述代码运行结果如下所示。

```
args 的类型是<class 'tuple'>,值是: (1, 2, 3, 4)
```

例 7.9 通过字典传递参数值,示例代码如下所示。

```
def func(**kwargs):
    print(f"kwargs 的类型是{type(kwargs)},值是: {kwargs}")
func(a=1, b=2, c=3)
```

上述代码中,函数 func 的形参 kwargs 前加了两个符号*,表明传递的多个参数按字典来对待。函数调用语句 func(a=1, b=2, c=3)传入了 3 组值,这 3 组值被形参 kwargs 接

收后,被当成字典来处理,即形参 kwargs 变成了一个包含 3 个键值对的字典。上述代码运行结果如下所示。

```
kwargs 的类型是<class 'dict'>,值是: {'a': 1, 'b': 2, 'c': 3}
```

在调用函数时,如果函数接收到的实参为元组或字典类型,可以使用"＊"或"＊＊"对实参进行解包,将实参拆分为多个值,并按照位置或关键字将值传递给各个形参。

例 7.10　元组解包,示例代码如下所示。

```
tuple = (1, 2, 3, 4)        #定义元组 tuple,包含 4 个元素
def test(a, b, c, d):       #定义函数 test()包含 4 个形参
    print(f"参数的值是: {a},{b},{c},{d}")
test(＊tuple)               #调用函数 test()
```

上述代码中,调用 test()函数时传入元组 tuple,由于在 tuple 的前面添加了"＊",Python 会对 tuple 进行解包操作,将 tuple 中的 4 个元素拆分为 4 个值,并按顺序分别赋值给形参 a、b、c、d。上述代码运行结果如下所示。

```
参数的值是: 1, 2, 3, 4
```

例 7.11　字典解包,示例代码如下所示。

```
def stu(name, age):                        #定义函数 stu()包含 2 个形参
    print(f"姓名: {name},年龄: {age}")
dict = {"name": "佳佳","age": 18}           #定义元组 dict,包含 2 个键值对
stu(＊＊dict)                               #调用函数 stu()
```

上述代码中,调用 stu()函数时传入了字典 dict,由于字典 dict 的前面添加了"＊＊",Python 会对 dict 进行解包操作,将字典 dict 的 2 个键值对拆分为 2 个值,并按照名称分别传递给形参 name 和 age。上述代码运行结果如下所示。

```
姓名: 佳佳,年龄: 18
```

视频讲解

## 7.9　混合参数传递

在 Python 中,混合参数传递通常指的是在同一个函数调用中同时使用位置参数、关键字参数、默认值参数、可变参数中的若干种参数进行传递。函数参数的混合传递规则如下所示。

- 先按照位置顺序传递参数,再按照关键字传递参数。
- 如果有默认参数,则可以省略该参数。
- 如果某个参数已经按照关键字传递,则后面的参数也必须按照关键字传递。
- 位置参数必须在关键字参数前面。

例 7.12　参数的混合传递,示例代码如下所示。

```
#定义函数包含不同类型的参数
def func(a,b,c=0,*args,**kwargs):
    print(a, b, c, args, kwargs)
```

调用 func() 函数的示例代码如下所示。

```
func(1, 2)                  #输出: 1 2 0 () {}
```

按位置传递方式将 1、2 赋值给 a、b,c 采用默认值 0,args 输出空元组(),kwargs 输出空字典{}。

```
func(1, 2, c=3)             #输出: 1 2 3 () {}
```

按位置传递方式将 1、2 赋值给 a、b,将 3 赋值给 c,args 输出空元组(),kwargs 输出空字典{}。

```
func(1, 2, 3, 'x', 'y')             #输出: 1 2 3 ('x', 'y') {}
```

按位置传递方式将 1、2 赋值给 a、b,将 3 赋值给 c,args 输出元组('x', 'y'),kwargs 输出空字典{}。

```
func(1, 2, 3, 'x', 'y', s=100)         #输出: 1 2 3 ('x', 'y') {'s': 100}
```

按位置传递方式将 1、2 赋值给 a、b,将 3 赋值给 c,args 输出元组('x', 'y'),kwargs 输出字典{'s': 100}。

## 7.10 函数的返回值

函数中的 return 语句是可选项,它的作用是结束当前函数,并将函数中的数据返回给调用者,语法格式如下所示。

```
return  [返回值]
```

其中,返回值可以指定,也可以省略不写,如果省略不写,将返回空值 None。如果函数 return 语句返回了多个值,那么这些值将被保存到元组中。

例 7.13  返回单个值,示例代码如下所示。

```
#编写函数,计算 x²
def power(x):
    s =x * x
    return s
print(power(5))             #输出: 25
```

例 7.14  返回空值,示例代码如下所示。

```
def power(x):
    s = x * x
print(power(5))                    #输出：None
```

上述代码中,函数 power()无返回语句 return,此时返回空值 None。

例 7.15 返回多个值,示例代码如下所示。

```
#游戏中定位不同角色的坐标位置
def move(x, y):
    nx = x + 10
    ny = y + 10
    return  nx , ny
print(move(30, 30))                # 输出：(40, 40)
```

在上述代码中,return 语句返回 2 个值,此时,函数的返回值是包含两个元素的元组
(40,40)。

## 7.11 变量作用域

视频讲解

在 Python 中,每个变量都有自己的作用域,在作用域内,变量才能被合法使用,超出了
作用域的变量使用会导致错误。在函数或方法内部定义的变量属于局部作用域,在函数或
方法外部定义的变量属于全局作用域。根据变量作用域的不同,变量可以划分为局部变量
和全局变量。

**1. 局部变量**

在函数内部定义的变量称为局部变量,局部变量只能在定义它的函数内部使用。

例 7.16 访问局部变量,示例代码如下所示。

```
def func():
    like = 20                      #局部变量
    print(like)                    #函数内部访问局部变量,输出：20
func()
print(like)                        #函数外部访问局部变量,系统报错
```

上述代码中,like 是局部变量,只能在函数内部访问。当在函数外部访问时,会出现错
误提示“NameError：name‘like’is not defined. Did you mean：‘slice’?”。

**2. 全局变量**

全局变量是指在函数之外定义的变量,它在程序的整个运行周期内都占用存储单元,默
认情况下,函数的内部只能获取全局变量,而不能修改全局变量的值。

例 7.17 访问全局变量,示例代码如下所示。

```
like = 100              #全局变量
def func():
    like = 20           #定义与全局变量同名的局部变量
    print(like)
func()                  #调用函数 func(),输出：20
print(like)             #输出：100
```

上述代码中,分别定义 2 个变量 like,第一个是在函数体外的全局变量,第二个是在函数体内的局部变量,因为它们的作用域不同,允许出现同名变量。在函数体内部,优先访问同名的局部变量 like,输出 20;而在函数体外部,只能访问全局变量 like,输出 100。

**3. global 和 nonlocal 关键字**

在 Python 中,global 关键字用于在函数内部指明一个变量是全局的,即这个变量是在函数外部定义的。当在函数内部需要访问或修改全局变量时,就需要使用 global 关键字,表明正在引用的是全局作用域中的变量,而不是创建一个新的局部变量,其语法格式如下所示。

```
global 全局变量
```

**例 7.18**　函数体内修改全局变量,示例代码如下所示。

```
like =100                    #定义全局变量
def func():
    global  like
    like +=20                #函数内部修改全局变量 like 的值
    print(like)
func()                       #调用函数 func(),输出:120
print(like)                  #输出:120
```

上述代码中,在 func()函数内部使用 global 关键字声明 like 的作用域为全局作用域,并修改全局变量 like 的值为 120。

在 Python 中,nonlocal 关键字用于在嵌套函数内部声明一个变量引用的是最近一层封装作用域中的变量,而不是全局变量,允许在嵌套函数内部修改封装作用域中的变量值,其语法格式如下所示。

```
nonlocal 变量名
```

**例 7.19**　嵌套函数内修改封装作用域中的变量,示例代码如下所示。

```
number=100                        #定义全局变量
def test():
    number =10
    def test_in():
        nonlocal number           #引用封装作用域 test()函数体中的变量 number
        number =20
    test_in()
    print(number)
test()                            #调用 test()函数,输出:20
print(number)                     #输出全局变量 number 的值 100
```

上述代码中,在嵌套函数 test_in()中引用封装作用域 test()函数体中定义的变量 number,而不是全局变量 number,并赋值为 20。调用 test()函数后输出 20,全局变量 number 没有发生变化。

视频讲解

## 【任务实现】

**1. 分析代码**

首先,定义列表 car_info 用于保存所有的汽车信息,列表的元素为字典,字典中设置 brand、color、price、num 四个键分别对应汽车的品牌、颜色、价格、数量信息。

接着,定义 main_menu()函数,用于输出系统的功能界面。

然后,根据任务的功能需求,定义 input_car_info()、add_car_info()、del_car_info(car)、modify_car_info()、show_car_info()功能函数用于实现录入汽车信息、添加汽车信息入库、删除已有汽车信息、修改指定汽车信息、查询全部汽车信息功能。

最后,在 main()函数中,调用 main_menu()函数,并接收用户的功能选择,调用相应的功能函数。

**2. 编写代码**

(1) 启动 PyCharm,右击项目文件夹 Chapter07,在弹出的快捷菜单中选择 New→Python File,在弹出的新建 Python 文件对话框中输入文件名 car.py,类别为 Python file。

(2) 在 car.py 文件的代码编辑窗口中,输入如下代码。

```python
#定义列表,用来保存汽车的所有信息
car_info =[]
#打印功能菜单
def main_menu():
    print('=' * 40)
    print('汽车进销存管理系统 V1.0')
    print('1.汽车信息入库')
    print('2.删除汽车信息')
    print('3.修改汽车信息')
    print('4.查询所有汽车信息')
    print('0.退出系统')
    print('=' * 40)
#录入汽车信息,适用于添加汽车信息、修改汽车信息
def input_car_info():
    brand = input('请输入汽车的品牌: ')          #获取汽车品牌
    color = input('请输入汽车的颜色: ')          #获取汽车颜色
    price = float(input('请输入汽车的价格(万元): ')) #获取汽车价格
    num = int(input('请输入汽车的数量:'))        #获取汽车数量
    return brand,color,price,num
#添加汽车信息
def add_car_info(brand, color, price, num):
    #传入可变参数,参数解包
    new_info =dict()                          #定义字典
    new_info['brand'] =brand
    new_info['color'] =color
    new_info['price'] =price
```

```
        new_info['num'] =num
        car_info.append(new_info)                       #添加新车信息
#删除汽车信息
def del_car_info(car):
    del_num =int(input('请输入要删除的序号：'))-1
    del car[del_num]                                    #按索引序号删除汽车信息
    print('删除成功!')
#修改汽车信息
def modify_car_info(car_id,brand, color, price, num):
    #参数解包,按索引序号修改汽车信息
    car_info[car_id-1]['brand'] =brand
    car_info[car_id-1]['color'] =color
    car_info[car_id -1]['price'] =price
    car_info[car_id-1]['num'] =num
#显示所有的汽车信息
def show_car_info():
    print('当前汽车的库存信息如下：')
    print('=' * 40)
    print('序号  品牌   颜色   价格(万元) 数量')
    i =1
    for temp in car_info:                               #逐行显示所有汽车信息
        print('%d  %s  %s  %.2f  %d'  %(i, temp['brand'], temp['color'],
        temp['price'], temp['num']))
        i +=1
def main():
    while True:
        main_menu()                                     #打印菜单
        key =input('请输入功能对应的数字：')
        if key =='1':
            new_car =input_car_info()                   #录入汽车信息
            add_car_info( * new_car)                     #添加汽车信息入库
        elif key =='2':
            if len(car_info) !=0:                        #判断是否存在汽车信息
                del_car_info(car_info)
            else:
                print('汽车信息表为空!')
        elif key =='3':
            if len(car_info) !=0:
                car_id =int(input('请输入要修改的汽车序号：'))#输入需要修改的汽车序号
                new_car =input_car_info()                #录入需要修改的汽车信息
                modify_car_info(car_id, * new_car)        #混合参数传递
            else:
                 print('汽车信息表为空!')
        elif key =='4':
            show_car_info()
        elif key =='0':
            quit_confirm =input('确认要退出系统吗?(Yes or No)').lower()
            if quit_confirm =='yes':
                print('谢谢使用!')
```

```
                break
            elif quit_confirm == 'no':
                continue
            else:
                print('输入有误: ')
if __name__ == '__main__':
    main()
```

## 【任务总结】

通过本任务的学习,读者可以系统掌握 Python 中参数的传递方法、不同类型返回值以及变量的作用域的灵活应用。在使用时需要注意以下几点。

- 参数命名:参数名应该尽量清晰、简洁,并准确描述参数的作用;避免使用 Python 中的保留关键字作为参数名;遵循 Python 的命名惯例,使用小写字母和下画线来分隔单词。
- 参数类型:Python 是一种动态类型语言,所以函数的参数不需要预先声明类型。
- 位置参数与关键字参数:在调用函数时,可以使用位置参数(按照参数在函数定义中的顺序传递)或关键字参数(通过参数名明确指定)。使用关键字参数可以提高代码的可读性,并允许在调用函数时改变参数的顺序。
- 默认参数:可以为函数参数提供默认值,在调用函数时可以省略这些参数。如果带有默认值的参数与必选参数同时存在,则带有默认值的参数必须位于必选参数的后面。
- 可变参数与关键字参数:使用 * args 可以接收任意数量的位置参数,它们被打包为一个元组。使用 * * kwargs 可以接收任意数量的关键字参数,它们被打包为一个字典。当同时使用 * args 和 * * kwargs 时, * args 必须放在 * * kwargs 前面。
- 参数验证:建议在函数内部对传入的参数进行验证,确保参数的数据类型、取值范围等是符合预期的,对于不符合预期的参数值,可以提前抛出异常。
- 变量重名:为了避免变量名称冲突,在同一作用域中不能有重名,但是不同的作用域内可以重名。如果在函数内部定义了一个与全局变量同名的局部变量,那么在函数内部访问该变量时,将优先使用局部变量,而不是全局变量。
- 变量作用域:在函数内部,如果要修改全局变量,需要使用 global 关键字进行声明,否则,Python 会将其视为一个新的局部变量。在嵌套函数(内部函数)中,可以直接访问外部函数(外部作用域)的局部变量,但是,外部函数不能直接访问嵌套函数的局部变量。

## 【巩固练习】

一、选择题

1. 函数可以有默认参数,当默认参数未提供时,其值为(　　)。

    A. None          B. 0          C. False          D. 空字符串

2. (　　)是 Python 中的函数返回值。

　　A. None　　　　　　B. 数字　　　　　　C. 字符串　　　　　　D. 列表

3. (　　)不是 Python 中的函数作用域。

　　A. 全局作用域　　　B. 局部作用域　　　C. 内置作用域　　　D. 函数作用域

4. (　　)不是在 Python 中函数的参数传递方式。

　　A. 值传递　　　　　　　　　　　　B. 位置参数传递

　　C. 关键字参数传递　　　　　　　　D. 默认参数传递

5. 在 Python 中,函数内部修改全局变量的值时,需要使用关键字(　　　)。

　　A. global　　　　　B. nonlocal　　　　C. const　　　　D. static

6. 运行下面的程序,最终输出的结果为(　　　)。

```
def test(a,b, * args, ** kwargs):
    print(args)
    print(kwargs)
test(11,22,33,44,m=55)
```

　　A. (11, 22) {'m': 33}　　　　　　B. (11, 22) {'m': 55}

　　C. (33, 44) {'m': 55}　　　　　　D. (33, 44) {'m': 11}

7. 运行下面的程序,最终输出的结果为(　　　)。

```
def test(a,b, * args):
    print(args)
test(11,22,33,44,55)
```

　　A. (11, 22, 33)　　　　　　　　B. (33, 44, 55)

　　C. (11, 22, 33, 44, 55)　　　　D. (44, 55)

8. 执行下列代码,输出结果为(　　　)。

```
num_one =12
def sum(num_two):
    global num_one
    num_one =90
    return num_one +num_two
print(sum(10))
```

　　A. 102　　　　　B. 100　　　　　C. 22　　　　　D. 12

二、填空题

1. 函数中使用 return 语句将结果返回,它的作用是_____。

2. * 是以_____形式为参数传入一组值;** 是以_____形式为参数传入一组值。

3. 函数使用关键字_____返回值。

4. 如果全局变量和局部变量的名字一样,函数中访问的是_____变量。

5. Python 中的变量作用域遵循 LEGB 原则,其中 E 指嵌套作用域,B 指内置作用域,G 指_____,L 指_____。

6.函数可以返回多个值,此时需要将它们放在一个_____中。

三、编程题

1.编写函数,求给定列表中所有奇数的和。

2.编写函数,模拟打分系统,统计评委打分,并计算选手平均分。

3.编写函数,根据给定的汽车信息列表和汽车 ID,删除汽车 ID 对应的汽车信息,输出删除指定汽车 ID 后的汽车列表信息。其中每辆汽车信息是一个字典,包含汽车 ID、品牌、颜色、价格和数量。

## 【任务拓展】

1.编写程序,实现一个会员管理系统,会员信息包含姓名、性别、电话、爱好、消费额总计,该系统具有 5 大功能:添加、删除、修改、显示和退出。

2.编写一个函数,该函数接收一个列表作为参数,并返回一个新的列表,其中包含原列表中所有偶数的平方。

3.编写程序,设计商品推荐系统,该系统根据每日商品的销售情况,给出商品销量排行榜,一方面将销量排名靠前的商品推荐给用户,另一方面为下一次进货商品数量提供参考依据。

# 任务 3　汉诺塔游戏设计

## 【任务提出】

汉诺塔游戏是一个经典递归问题。假设有 n 个圆盘,编号从 1 到 n,初始状态是按照从大到小的顺序依次放置在 A 柱上,较大的圆盘在下,较小的圆盘在上。目标是将这些圆盘移动到 C 柱上,移动过程中可以借助 B 柱,但是在移动过程中大圆盘不能放到小圆盘上、每次只能移动一个圆盘,如图 7.4 所示。

运用 PyCharm 开发工具编写 Python 程序,完成圆盘从 A 柱到 C 柱的移动,并显示移动过程。

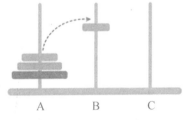

图 7.4　汉诺塔游戏参考图

## 【任务分析】

本任务主要完成的是将 A 柱上的所有圆盘按照要求移动到 C 柱上,要解决这个问题,可以使用递归函数。具体的任务实施分析如下所示。

1.创建 Python 程序 hanoi.py。

2. 创建递归函数,记录每一次移动的步骤。

3. 使用 input() 函数接收需要移动的盘子数量。

4. 调用递归函数,实现盘子的移动,输出盘子移动的过程。

5. 运行测试,检验是否正确完成移动。

## 【知识准备】

Python 还提供了两种具有特殊形式的函数:匿名函数和递归函数。

### 7.12 匿名函数

视频讲解

Python 中的匿名函数是通过 lambda 关键字创建的。lambda 函数是一个小型匿名函数,可以接收任意数量的参数,但只能有一个表达式,表达式的值就是匿名函数的返回值。由于 lambda 函数是匿名的,无须定义一个完整的函数,常用于功能单一的场景,其语法格式如下所示。

```
lambda <形式参数列表>:<表达式>
```

其中,关键字 lambda 表示定义匿名函数,冒号前面的形式参数列表可以有任意数量的参数,表达式的结果即函数的返回值。

与普通函数相比,匿名函数的体积更小,功能更单一,主要区别如下所示。

- 普通函数在定义时有名称,而匿名函数没名称。
- 普通函数的函数体中包含多条语句,而匿名函数的函数体只能是一个表达式。
- 普通函数可以实现比较复杂的功能,而匿名函数实现的功能比较简单。
- 普通函数能被其他程序使用,而匿名函数不能被其他程序使用。

定义好的匿名函数不能直接使用,最好使用一个变量保存,以便后期可以随时使用这个函数。

例 7.20　定义匿名函数,示例代码如下所示。

```
#匿名函数求数值的立方
temp = lambda x:x ** 3
print(temp(10))              #输出: 1000
```

上述代码中,匿名函数被赋值给变量 temp,此时 temp 可以作为匿名函数的临时名称用于调用。代码中的 temp(10) 就表示调用匿名函数计算 10 的立方。

匿名函数也可以设置多个参数,参数使用逗号隔开。

例 7.21　定义带多个参数的匿名函数,示例代码如下所示。

```
#匿名函数计算 a、b 的乘积
x = lambda a, b : a * b
print(x(5, 8))              #输出: 40
```

上述代码中,匿名函数有两个形参,分别是 a 和 b,表达式将 a 与 b 的乘积作为函数的返回值。

匿名函数通常与内置函数 map()、filter()和 reduce()等一起使用。

例 7.22　筛选给定列表中的偶数,示例代码如下所示。

```python
numbers =[11, 22, 33, 44, 55, 66, 77, 88]
even_numbers =list(filter(lambda x: x %2 ==0, numbers))
print(even_numbers)
```

运行结果如下所示。

```
[22, 44, 66, 88]
```

在上述代码中,filter()函数接收两个参数:第一个是匿名函数 lambda x: x % 2 == 0,它用于检查一个数字是否为偶数;第二个参数是数字列表 numbers。filter()函数会遍历列表中的每个元素,将元素传递给匿名函数进行判断,保留匿名函数返回结果为 True 的元素。

视频讲解

## 7.13　递归函数

在 Python 中,递归函数是一个调用自身的函数。递归函数通常用于解决结构相似的问题,其基本的实现思路是将一个复杂的问题转换成若干子问题,子问题的形式和结构与原问题相似,求出子问题的解之后根据递归关系可以获得原问题的解。

递归函数在定义时需要满足 2 个基本条件:一个是递归公式,另一个是边界条件。其中,递归公式是求解原问题或相似子问题的结构;边界条件是最小化的子问题,也是递归终止条件。

递归函数的执行可以分为以下两个阶段。

- 递推:递归本次的执行都基于上一次的运算结果。
- 回溯:遇到终止条件时,则沿着递推往回一级一级地把值返回来。

根据定义的基本条件和执行的 2 个阶段,递归函数定义的一般格式如下所示。

```
def 函数名([参数列表]):
    if 边界条件:
        rerun 结果
    else:
        return 递归公式
```

递归最经典的应用便是阶乘,在数学中,求正整数 n!(n 的阶乘)问题,根据 n 的取值可以分为以下两种情况。

- 当 n=1 时,所得的结果为 1。
- 当 n>1 时,所得的结果为 n * (n−1)!。

那么利用递归求解阶乘时,n=1 是边界条件,n * (n−1)!是递归公式。

例 7.23　编写程序实现 n!求解,套用递归函数一般格式,示例代码如下所示。

```
def func(n):
  if n ==1:
    return 1
  else:
    return (n * func(n -1))
a=func(5)                #调用函数 func(),计算 5 的阶乘
print(a)
```

运行结果如下所示。

```
120
```

上述代码中,通过调用 func(5)计算 5 的阶乘,边界条件为 n==1,递归公式为 n * func(n-1),func(5)求解过程如图 7.5 所示,说明如下所示。

```
def func(5):
    if num == 1:
        return 1
    else:
        return 5 * func(4)
                    def func(4):
                        if num == 1:
                            return 1
                        else:
                            return 4 * func(3)
                                        def func(3):
                                            if num == 1:
                                                return 1
                                            else:
                                                return 3 * func(2)
                                                            def func(2):
                                                                if num == 1:
                                                                    return 1
                                                                else:
                                                                    return 2 * func(1)
                                                                                def func(1):
                                                                                    if num == 1:
                                                                                        return 1
```

图 7.5　递归函数的求解过程

1. 将求解 func(5)转换为 5 * func(4)。

2. 将求解 func(4)转换为 4 * func(3)。

3. 将求解 func(3)转换为 3 * func(2)。

4. 将求解 func(2)转换为 2 * func(1),触发边界条件 n==1。

5. func(1)的值可以直接计算得到结果 1。

6. 向上层层传递,直到最终返回 func(5)的位置,求得 5!=120。

## 【任务实现】

### 1. 分析代码

通过分析任务要求可知,先定义递归函数 hanio(),用 n、A、B 和 C 作为函数参数。n 代表盘子数量,A、B、C 代表三个柱子。按照移动规则的要求,盘子移动过程如下所示。

视频讲解

（1）如果 n＝1,即只有一个盘子,则直接从 A 柱移动到 C 柱。

（2）如果 n＞1,即盘子数量大于 1,则需要按照以下步骤进行。

① 首先,将 n−1 个盘子从 A 柱移动到 B 柱,使用 C 柱作为辅助。

② 然后,将第 n 个盘子从 A 柱移动到 C 柱。

③ 最后,将 n−1 个盘子从 B 柱移动到 C 柱,使用 A 柱作为辅助。

**2. 编写代码**

（1）启动 PyCharm,右击项目文件夹 Chapter07,在弹出的快捷菜单中选择 New→Python File,在弹出的新建 Python 文件对话框中输入文件名 hanio.py,类别为 Python file。

（2）在 hanio.py 文件的代码编辑窗口中,输入如下代码。

```python
def hanoi(n, A, B, C):
    if n==1:
        #将第 n 个盘子从 A 柱移动到目标 C 柱
        print('将%c圆柱的%d号盘——>%c圆柱'%(A, n, C))
    else:
        #将 n-1 个盘子从 A 柱移动到 B 柱,使用目标 C 柱作为辅助
        hanoi(n-1, A, C, B)
        print('将%c圆柱的%d号盘——>%c圆柱' %(A, n, C))
        #将 n-1 个盘子从 B 柱移动到目标 C 柱,使用 A 柱作为辅助
        hanoi(n-1, B, A, C)
n =int(input('请输入要移动的圆盘的个数: '))
hanoi(n,'A','B', 'C')
```

（3）按快捷键 Ctrl＋Shift＋F10 运行当前程序,输入圆盘的个数 4,运行结果如下所示。

```
请输入要移动的圆盘的个数: 4
将 A 圆柱的 1 号盘——>B 圆柱
将 A 圆柱的 2 号盘——>C 圆柱
将 B 圆柱的 1 号盘——>C 圆柱
将 A 圆柱的 3 号盘——>B 圆柱
将 C 圆柱的 1 号盘——>A 圆柱
将 C 圆柱的 2 号盘——>B 圆柱
将 A 圆柱的 1 号盘——>B 圆柱
将 A 圆柱的 4 号盘——>C 圆柱
将 B 圆柱的 1 号盘——>C 圆柱
将 B 圆柱的 2 号盘——>A 圆柱
将 C 圆柱的 1 号盘——>A 圆柱
将 B 圆柱的 3 号盘——>C 圆柱
将 A 圆柱的 1 号盘——>B 圆柱
将 A 圆柱的 2 号盘——>C 圆柱
将 B 圆柱的 1 号盘——>C 圆柱
```

【任务总结】

通过本任务的学习,读者可以掌握匿名函数和递归函数的特性以及用法,在使用这两种函数时需要注意以下几点。

- lambda 函数的主体只能包含一个表达式,不能包含复杂的语句或循环语句。
- lambda 函数可以接收任意数量的参数,但通常建议用于处理少量参数的情况。如果逻辑复杂或参数较多,建议使用普通函数。
- lambda 函数总是返回一个值,如果没有显式返回,则默认返回 None。
- 递归函数必须有一个或多个明确的退出条件,否则,递归将无限进行下去。
- Python 默认的递归深度限制相对较低(通常是 1000),这可能会限制递归函数的应用范围。如果需要处理更深的递归,可以通过 sys.setrecursionlimit(limit)来增加递归深度限制。

## 【巩固练习】

一、选择题

1. 如果 $f1=$ lambda $x:x+2;f2=$ lambda $x:x**2$,那么 print($f1(f2(3))$)结果为（  ）。

    A. 5         B. 7         C. 11         D. 13

2. 以下关于 Python 匿名函数的描述,正确的是（  ）。

    A. 匿名函数只能有一个表达式     B. 匿名函数不能有多个表达式
    C. 匿名函数可以包含多条语句     D. 匿名函数可以有函数名

3. 以下关于 Python 递归函数的描述,正确的是（  ）。

    A. 递归函数只能有一个参数     B. 递归函数必须有一个明确的终止条件
    C. 递归函数只能调用自身一次     D. 递归函数只能处理简单问题

4. Python 中的匿名函数可以使用关键字（  ）定义。

    A. lambda     B. def     C. for     D. while

5. 以下函数中的递归函数是（  ）。

    A.

```
def factorial(n):
    if n ==0:
        return 1
    else:
        return n * factorial(n-1)
```

    B.

```
def square(x):
    return x * x
```

    C.

```
def add(x, y):
    return x +y
```

D.

```
def max(x, y):
    return x if x > y else y
```

二、填空题

1. 匿名函数使用关键字_____定义。

2. 递归函数的执行可以分为_____和_____两个阶段。

3. Python 中的匿名函数也称为_____函数。

三、编程题

1. 编写程序,使用递归或匿名函数计算斐波那契数列的第 n 项。

2. 编写程序,使用递归函数实现二分查找。二分查找是一种在有序列表中查找特定元素的搜索算法。搜索过程从列表的中间元素开始,如果中间元素正好是要查找的元素,则搜索过程结束;如果某一特定元素大于或小于中间元素,则在列表大于或小于中间元素的那一半中查找,而且跟开始一样从中间元素开始比较。如果在某一步骤列表为空,则代表找不到。

## 【任务拓展】

1. 编写程序,用递归函数实现计算 $1+2+3+\cdots+100$。

2. 编写程序,将数字列表中的每个数字乘以 2 再输出。

3. 编写程序,按照字符串的长度对字符串列表中的元素进行排序,要求使用 sorted 函数和匿名函数来实现。

项 目 8

# 文 件 操 作

　　文件是操作系统和应用程序之间进行数据交换的主要方式之一。操作系统提供了用于创建、打开、读取、写入、删除和移动文件的接口。通过这些接口,应用程序可以轻松地管理文件,实现数据的存储和检索。Python 的文件管理功能非常强大,它提供了多种函数和方法,用来完成打开文件、读取文件、格式化数据、写入文件和处理文件等一系列操作,可以满足各种复杂的文件管理需求。

　　在本项目中,将通过完成文件复制、文件批量重命名和文件数据读写三个具体任务,来系统学习文件的读写、数据格式化等各种操作。通过任务的实践,全面而深入地掌握Python 中文件与数据格式化的应用。

## 【学习目标】

**知识目标**

1. 了解文件的打开和关闭方法。

2. 了解对文件读写的方法。

3. 熟悉文件定位读写的概念。

4. 熟悉文件的重命名和删除操作。

5. 熟悉文件夹的相关操作。

6. 理解基于维度的数据分类。

7. 熟悉一二维数据的存取与读取方式。

8. 熟悉多维数据的格式化方法。

**能力目标**

1. 能够完成文件的打开和关闭操作。

2. 能够使用不同的读取方式读取文件内容。

3. 能够完成使用文件的定位读写。

4. 能够对文件进行重命名和删除操作。

5. 能够完成文件夹的基本操作。

6. 能够熟练完成一二维数据的存储与读取操作。

## 【建议学时】

4 学时。

# 任务 1　文件内容复制

## 【任务提出】

运用 PyCharm 开发工具编写 Python 程序,实现将一个 TXT 文件的内容复制到另一个 TXT 文件中的功能,要求在新文件中给每一行加上行标,如图 8.1 所示。

君不见,黄河之水天上来,奔流到海不复回。　　　　1.君不见,黄河之水天上来,奔流到海不复回。
君不见,高堂明镜悲白发,朝如青丝暮成雪。　　　　2.君不见,高堂明镜悲白发,朝如青丝暮成雪。
人生得意须尽欢,莫使金樽空对月。　　　　　　　　3.人生得意须尽欢,莫使金樽空对月。
天生我材必有用,千金散尽还复来。　　　　　　　　4.天生我材必有用,千金散尽还复来。
烹羊宰牛且为乐,会须一饮三百杯。　　　　　　　　5.烹羊宰牛且为乐,会须一饮三百杯。
岑夫子,丹丘生,将进酒,杯莫停。　　　　　　　　　6.岑夫子,丹丘生,将进酒,杯莫停。
与君歌一曲,请君为我倾耳听。　　　　　　　　　　7.与君歌一曲,请君为我倾耳听。
钟鼓馔玉不足贵,但愿长醉不愿醒。　　　　　　　　8.钟鼓馔玉不足贵,但愿长醉不愿醒。
古来圣贤皆寂寞,惟有饮者留其名。　　　　　　　　9.古来圣贤皆寂寞,惟有饮者留其名。
陈王昔时宴平乐,斗酒十千恣欢谑。　　　　　　　　10.陈王昔时宴平乐,斗酒十千恣欢谑。
主人何为言少钱,径须沽取对君酌。　　　　　　　　11.主人何为言少钱,径须沽取对君酌。
五花马,千金裘,呼儿将出换美酒,与尔同销万古愁。　12.五花马,千金裘,呼儿将出换美酒,与尔同销万古愁。

图 8.1　文件复制前后对比图

## 【任务分析】

本任务是对 TXT 文件的内容进行复制,涉及对两个文件的打开、读取、写入、关闭等操作。具体的任务实施分析如下所示。

1. 创建 Python 程序文件 copy.py。
2. 打开原始文件和新文件。
3. 将原始文件的内容逐行读取出来,并加上行号。
4. 将带行号的数据写入新文件。
5. 关闭所有打开的文件,如果使用 with 打开,则不用再使用 close()关闭。
6. 运行测试程序,检验数据是否正确写入新文件中。

## 【知识准备】

文件是计算机系统中用于存储数据和信息的基本单位,这些数据以特定的格式被存储在磁盘、光盘或其他存储介质上,可以包含文本、图像、音频、视频、程序代码等多种类型的数据。

- 文件名：每个文件都有一个唯一的文件名，用于标识和区分不同的文件。文件名通常由字符组成，可以包括字母、数字、下画线和其他特殊字符。
- 扩展名：文件扩展名通常用于表示文件的类型或格式。例如，.txt 表示文本文件、.jpg 表示图像文件、.py 表示 Python 程序文件等。
- 文件内容：文件的内容是实际存储的数据。这些数据可以是文本、二进制数据或其他形式的信息。
- 文件路径：文件路径用于定位文件在计算机系统中的位置，它可以是相对路径（相对于当前目录），也可以是绝对路径（从根目录开始的完整路径）。
- 文件权限：文件权限决定了哪些用户或用户组可以读取、写入或执行文件。这是操作系统提供的文件安全机制的一部分。

在 Python 中，文件被抽象为文件对象，可以使用内置的 open() 函数来创建和操作文件对象。通过文件对象，可以执行诸如读取、写入、关闭文件等操作。这使得 Python 能够方便地进行文件管理，包括处理文本文件、二进制文件以及执行更复杂的文件操作。

文件操作通常包括打开文件、关闭文件、读取文件内容、写入数据到文件以及文件定位读写等。

## 8.1 文件打开和关闭

### 8.1.1 打开文件

视频讲解

在 Python 中，使用内置的 open() 函数来打开文件，基本语法格式如下所示。

```
file=open(filepath[,mode][,encoding])
```

语法格式说明如下所示。

- file：要创建的文件对象。
- filepath：必选参数，可以是包含路径的文件名，也可以仅是文件名。例如，C:\Users\hello.txt，如果文件在当前路径下，可以直接写文件名 hello.txt。
- mode：可选参数，文件的访问模式。
- encoding：指定文件的字符编码。默认为 None，表示使用系统默认的编码。对于文本文件，通常需要指定编码，例如 utf-8。

如果没有注明访问模式 mode，默认为只读模式，也就是只能读取文件。Python 的文件访问模式如表 8.1 所示。

表 8.1 Python 的文件访问模式

| 访问模式 | 含　　义 | 说　　　明 |
| --- | --- | --- |
| r | 只读 | 以只读的方式打开文件，如果文件不存在则提示错误 |
| w | 只写 | 以只写的方式打开文件，如果文件不存在则创建该文件；如果文件已经存在则覆盖文件原有内容 |

续表

| 访问模式 | 含 义 | 说 明 |
|---|---|---|
| a | 追加 | 以只写的方式打开文件,如果文件不存在则创建该文件;如果文件已经存在则在文件末尾追加数据 |
| r+ | 读写 | 以读写的方式打开文件,如果文件不存在,则报错 |
| w+ | 读写 | 以读写的方式打开文件,如果文件已存在,则覆盖原文件;如果文件不存在则创建新文件 |
| a+ | 读写 | 以读写的方式打开文件,如果文件不存在则创建该文件;如果文件已经存在则在文件末尾追加数据 |
| b | 二进制模式 | 可以与其他模式组合使用,如 rb 或 wb。以二进制模式打开文件时,Python 不会进行任何字符编码的转换,而是直接处理文件的字节流 |

### 8.1.2 关闭文件

在 Python 中,关闭文件使用内置函数 close(),其语法格式如下所示。

```
file.close()
```

其中,file 为要关闭的文件对象。

虽然在程序执行完以后文件会自动关闭,但是在文件打开期间,文件会一直占用系统资源,也可能会产生数据丢失。所以使用 open()函数打开文件,在文件操作完成之后,考虑到数据的安全性,一定要关闭文件。

以只读模式打开文件 hello.txt,执行完相应操作以后将文件关闭,示例代码如下所示。

```
file=open("hello.txt","r")
    ...
file.close()
```

### 8.1.3 上下文管理语句

在 Python 中访问文件资源时,可以使用 with 语句对文件资源进行自动管理。在代码中,with 语句常用于包装代码块的执行,确保在进入和退出代码块时,一些初始化(如资源分配)和清理(如资源释放)任务能够自动执行,通常用于管理文件、网络连接、线程锁等资源,以确保这些资源在使用后被正确关闭或释放。with 语句的语法格式如下所示。

```
with context_expression [as variable]:
    with-block
```

其中,context_expression 返回一个上下义管理器对象,该对象有__enter__()和__exit__()两个特殊方法。__enter__()方法在 with 语句开始时被调用,它通常用于设置或初始化任何需要的资源或状态,不应该接收任何参数(除了 self),并且可以返回任何对象,这个返回的对象通常会被赋值给 as 关键字后面的变量。__exit__()方法在 with 语句结束时被调用,无论 with 块是正常执行完毕还是由于异常而退出,用于清理资源或执行任何必要的后处理操作。__enter__()和__exit__()方法会被隐式地调用,它们会自动作为 with 语句的一部分被执行。

Python 对一些内建对象(例如文件对象)进行操作时,可以使用 with 语句来自动关闭文件,示例代码如下所示。

```
with open('hello.txt', 'r') as file:
    data = file.read()
#文件在这里已经被自动关闭,无论 read()方法是否出现异常
```

使用 with 语句也可以同时打开多个文件,示例代码如下所示。

```
with open('hello.txt', 'r') as file, open('hello1.txt', 'w') as file1:
    file1.write(file.read())
```

## 8.2 文件数据读写

### 8.2.1 读文件

视频讲解

Python 中最常用的读文件的方式有三种,分别是 read( )、readlines( )和 readline( )方法。

**1. read( )方法**

使用 read()方法可以一次性读取文件的全部数据或读取指定字节数的数据,其语法格式如下。

```
file. read(size)
```

- file:已经打开的文件对象。
- size:表示要读取多少字节的数据,可以省略,默认会读出文件中的全部数据。

例 **8.1** 将 test.txt 文件的内容全部读取出来,示例代码如下所示。

```
#test.txt 文件中的内容为: hello world
file=open("test.txt","r")          #以只读模式打开文件 test.txt
content=file.read()                #读取文件中的全部数据
print(content)                     #输出: hello world
file.close()                       #关闭文件
```

例 **8.2** 从 test.txt 文件中读取 3 个字符的数据,示例代码如下所示。

```
#test.txt 文件中的内容为: hello world
file=open("test.txt","r")          #以只读模式打开文件 test.txt
content=file.read(3)               #读取文件中 3 字节的数据
print(content)                     #输出: hel
file.close()                       #关闭文件
```

上述代码中,读取 test.txt 文件中 3 字节的数据,而一个字符占 1 字节,所以读取出文件中的前 3 个字符 hel。

**2. readlines()方法**

使用 readlines()方法会返回一个包含文件中所有行的列表,每一行作为一个字符串元素,其语法格式如下所示。

```
file. readlines()
```

- file：已经打开的文件对象。
- readlines：将整个文件的数据一次性读出,返回一个列表。

例 8.3    使用 readlines()方法读取 file 指向的文件内容,示例代码如下所示。

```
#test.txt 文件中,第一行的内容为 hello world,第二行为 hello China
file=open("test.txt","r")              #以只读模式打开文件 test.txt
print(file.readlines())                #读取全部数据,输出字符串列表
```

test.txt 文件中第一行末尾有换行符"\n",运行结果如下所示。

```
['hello world\n', 'hello China']
```

**3. readline()方法**

使用 readline()方法可以逐行读取文件内容,读完一行文件指针会自动移到下一行,其语法格式如下所示。

```
file. readline()
```

例 8.4    使用 readline()方法读取 file 指向的文件内容,示例代码如下所示。

```
#test.txt 文件中,第一行的内容为 hello world,第二行为 hello China
with open('test.txt', 'r') as file:
  line =file.readline()
  while line:
    print(line, end='')                #end='' 用于避免自动添加的换行符
    line =file.readline()
#在这里,文件已经自动关闭
```

运行结果如下所示。

```
hello world
hello China
```

### 8.2.2  写文件

write()方法用来完成文件的写入,每次会将 write 写入的内容追加到文件末尾,其语法格式如下所示。

```
file.write(str)
```

- file：已经打开的文件对象。
- str：要写入的内容。

例 8.5　打开 test1.txt 文件，将 hello world 写入文件中，示例代码如下所示。

```
file=open("test1.txt","w")      #打开文件 test1.txt,如不存在，则创建文件 test1.txt
file.write("hello world")       #在文件末尾写入数据 hello world
file.close()                    #关闭文件
```

## 8.3　文件定位读写

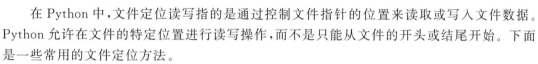

在 Python 中，文件定位读写指的是通过控制文件指针的位置来读取或写入文件数据。Python 允许在文件的特定位置进行读写操作，而不是只能从文件的开头或结尾开始。下面是一些常用的文件定位方法。

### 8.3.1　tell()方法

tell()方法返回当前文件读取/写入的位置（以字节为单位），其语法格式如下所示。

```
file.tell()
```

例 8.6　打开 test.txt 文件，使用 tell()方法获取读取部分内容前后的位置，示例代码如下所示。

```
file=open("test.txt","r")       #打开文件
print("当前位置是",file.tell())   #当前位置是 0
file.read(5)
print("当前位置是",file.tell())   #当前位置是 5
file.close()
```

### 8.3.2　seek()方法

seek()方法用于改变当前文件的位置，其语法格式如下所示。

```
file.seek(offset[,whence])
```

- file：已经打开的文件对象。
- offset：表示偏移量，也就是需要移动的字节数，可以是正数、负数或者零。
- whence：可选参数，表示起始位置，该参数的值有三个：0 表示文件开头（默认值）、1 表示使用当前读写位置、2 表示文件末尾。

例 8.7　seek()方法应用，示例代码如下所示。

```
#test.txt 的内容为：helloworld helloChina
#方法一：从文件开头偏移
```

```
file=open("test.txt","r")          #以只读方式打开文件
file.seek(5,0)                      #指针移动 5 字节,即 5 个字符的位置
print(file.read(5))                 #输出:world
file.close()                        #关闭
#方法二:从当前位置偏移
file=open("test.txt","rb")          #以二进制只读方式打开文件
file.seek(3,1)                      #从当前位置偏移 3 字节
print(file.read(5))                 #输出:b'lowor'
file.seek(3,1)                      #从当前位置偏移 3 字节
print(file.read(5))                 #输出:b'hello'
file.close()                        #关闭
方式三:从文件末尾偏移
file=open("test.txt","rb")          #以二进制只读方式打开文件
file.seek(-5,2)                     #从文件末尾向前偏移 5 字节
print(file.read(5))                 #输出:b'China
file.close()                        #关闭
```

## 【任务实现】

视频讲解

**1. 分析代码**

按照本任务的要求,不但需要将原始文件的内容全部复制到新文件中,而且每行开头需要添加行标。可以使用 open()函数以只读模式打开原始文件 test.txt、以写入模式创建并打开文件 new_test.txt;使用 readlines()方法读取文件 test.txt 中的全部内容,并返回一个字符串列表,每行作为列表的一个元素;使用 for 循环遍历字符串列表,在每行内容前加入行标,并运用 write()函数写入新文件中;最后,关闭原始文件和新文件。

**2. 编写代码**

(1) 启动 PyCharm,选择菜单 File→New Project,指定项目位置为 D:\Chapter08。

(2) 右键单击项目文件夹 Chapter08,在弹出的快捷菜单中选择 New→Python File,在弹出的新建 Python 文件对话框中输入文件名"copy",类别为 Python file。

(3) 在 copy.py 文件的代码编辑窗口,输入如下代码。

```
#使用 with 语句打开旧文件和新文件
with open("test.txt", "r", encoding="utf-8") as old_file, open("new_test.txt",
"w", encoding="utf-8") as new_file:
    #初始化行号
    count = 0
    #逐行处理旧文件内容
    for line in old_file:
        count += 1
        #在每行内容前面加行号,并写入新文件
        new_file.write("{0}.{1}".format(count,line))
        #使用 with 语句后,文件会在 with 块结束时自动关闭,无须显式调用 close() 方法
```

（4）按快捷键 Ctrl＋Shift＋F10 运行测试当前程序。

## 【任务总结】

通过本任务的学习,读者可以系统掌握文件的打开、关闭、写入以及定位读写的方法。在使用过程中需要注意以下几点。

- 使用 with 语句可以确保文件在操作完成后被自动关闭,即使发生异常文件也会被关闭,这样可以避免因忘记关闭文件而导致的资源泄露问题。
- 在执行文件读写操作时,需要捕获和处理可能发生的异常,例如文件不存在或没有写入权限等。
- 使用 seek() 方法进行移位操作时,当 whence 参数为 1 和 2 时,需要以二进制模式打开文件,否则会出现类似"io.UnsupportedOperation：can't do nonzero cur-relative seeks"的错误。

## 【巩固练习】

一、选择题

1. 在访问文件时,下列说法正确的是(    )。

    A. 文件打开后,不用关闭

    B. 文件操作步骤是操作文件,关闭文件

    C. 文件只能读取,不能覆盖

    D. 文件可以读取,也可以写入

2. 打开一个已有文件,然后在文件末尾添加信息,正确的打开方式是(    )。

    A. 'r'　　　　　　　B. 'w'　　　　　　　C. 'a'　　　　　　　D. 'w+'

3. 假设文件不存在,如果使用 open 函数打开文件会报错,那么该文件的打开方式是(    )。

    A. 'r'　　　　　　　B. 'w'　　　　　　　C. 'a'　　　　　　　D. 'w+'

二、填空题

1. 打开文件对文件进行读写,操作完成后应该调用_____方法关闭文件,以释放资源。

2. Python 用来打开或创建文件并返回文件对象的函数是_____。

3. seek() 方法用于移动指针到指定位置,该方法中_____参数表示要编译的字节数。

4. 在读写文件的过程中,_____方法可以获取当前的读写位置。

三、判断题

1. 文件打开的默认方式是只读。　　　　　　　　　　　　　　　　　　　　(    )

2. 打开一个可读写的文件,如果文件存在会被覆盖。　　　　　　　　　　　(    )

3. read() 方法只能一次性读取文件中所有数据。　　　　　　　　　　　　(    )

4. 使用 write() 方法写入文件时,数据会追加到文件的末尾。　　　　　　(    )

四、简答题

1.简述读取文件的方式有哪几种,它们的区别是什么?

2.简述文件使用完以后为什么要关闭。

五、编程题

1.编写程序,实现文件复制的功能,将一个文件中的数据复制到另一个文件中,并且在新文件中加上行标。要求针对原文中的空行不加行标,直接将空行写入新文件。复制前后的对比如图 8.2 所示。

君不见,黄河之水天上来,奔流到海不复回。      **1.**君不见,黄河之水天上来,奔流到海不复回。

君不见,高堂明镜悲白发,朝如青丝暮成雪。      **2.**君不见,高堂明镜悲白发,朝如青丝暮成雪。

人生得意须尽欢,莫使金樽空对月。      **3.**人生得意须尽欢,莫使金樽空对月。

天生我材必有用,千金散尽还复来。      **4.**天生我材必有用,千金散尽还复来。

烹羊宰牛且为乐,会须一饮三百杯。      **5.**烹羊宰牛且为乐,会须一饮三百杯。

岑夫子,丹丘生,将进酒,杯莫停。      **6.**岑夫子,丹丘生,将进酒,杯莫停。

与君歌一曲,请君为我倾耳听。      **7.**与君歌一曲,请君为我倾耳听。

钟鼓馔玉不足贵,但愿长醉不愿醒。      **8.**钟鼓馔玉不足贵,但愿长醉不愿醒。

古来圣贤皆寂寞,惟有饮者留其名。      **9.**古来圣贤皆寂寞,惟有饮者留其名。

陈王昔时宴平乐,斗酒十千恣欢谑。      **10.**陈王昔时宴平乐,斗酒十千恣欢谑。

主人何为言少钱,径须沽取对君酌。      **11.**主人何为言少钱,径须沽取对君酌。

五花马,千金裘,呼儿将出换美酒,与尔同销万古愁。      **12.**五花马,千金裘,呼儿将出换美酒,与尔同销万古愁。

图 8.2 复制前后对比

2.编写程序,一个 txt 文件中有一行密码数据,将文件中的密码按倒序复制到另一个文件中。例如,原文件内容为"123",新文件的内容则为"321"(读者可以自己创建一个 txt 文本文件)。

# 【任务拓展】

1.现有保存学生信息的文本文件 students.txt,每行代表一个学生的信息,格式为"姓名,年龄,性别,成绩",如:

```
张三,20,男,90
李四,21,女,85
王五,19,男,92
```

请编写程序,完成以下操作。

(1) 打开文件并读取所有的学生信息。

(2) 找出年龄最大的学生,并输出其姓名和年龄。

(3) 将所有女生的成绩提高 5 分,并将修改后的信息写回到原文件中(覆盖原文件)。

(4) 查找并输出成绩在 90 分以上的学生信息。

(5) 在文件的最后追加一个新的学生信息:吴六,22,男,99。

(6) 关闭文件。

2. 现有一个名为 words.txt 的文本文件,其中包含一些单词,每个单词占一行。请编写程序,完成以下操作。

(1) 打开文件 words.txt,读取所有单词。

(2) 编写函数,该函数有两个参数,分别是单词列表 wordlist 和字符串 str,该函数能筛选出 wordlist 中以字符串 str 开头的单词,并将筛选后的字符串以列表的形式返回。

(3) 调用函数,筛选出以 A 开头的单词,并将这些单词写入新文件 capitalized_words.txt 中。

(4) 将原文件 words.txt 中剩余的单词(即不以大写字母 A 开头的单词)写入新文件 non_capitalized_words.txt 中。

(5) 关闭所有打开的文件。

# 任务 2   文件批量重命名

## 【任务提出】

运用 PyCharm 开发工具编写 Python 程序,实现文件批量重命名的功能,文件批量重命名的方式有两种,一种是给文件名添加字符;另一种是删除文件名中的字符,批量重命名前后文件名对比如图 8.3 所示。

图 8.3   批量重命名前后文件名对比

## 【任务分析】

本任务中需要提前准备好批量重命名的文件,然后通过文件重命名方法修改文件名。具体的任务实施分析如下。

1. 创建 Python 程序文件 rename.py。

2．提示用户选择重命名的方式是增加字符还是删除字符。

3．获取文件夹下需要重命名的文件列表。

4．根据用户的选择对文件进行批量重命名。

5．运行程序,检查文件名是否修改成功。

## 【知识准备】

在 Python 中,文件和目录的管理主要涉及文件的创建、删除、重命名以及目录的创建、删除等操作。这些操作可以通过 Python 内置的 os 模块和 os.path 模块来实现,使用前需要先导入模块。

视频讲解

## 8.4　文件管理

Python 内置的 os 模块提供了很多方法,可以实现对文件的重命名、删除等操作。

**1. rename()方法**

Python os 模块中的 rename()方法用于对文件或目录进行重命名,其语法格式如下所示。

```
os.rename(src,dst)
```

其中,src 是需要修改的源文件名,dst 是修改后的新文件名。

例 8.8　将 a.txt 重命名为 new_a.txt,示例代码如下所示。

```
import os
os.rename("a.txt","new_a.txt")
```

**2. remove()方法**

Python os 模块中的 remove()方法用于删除文件,其语法格式如下所示。

```
os.remove(src)
```

其中,src 是需要删除的文件名,可以包含文件路径。

例 8.9　将当前目录下 a.txt 文件删除,示例代码如下所示。

```
import os
os.remove("a.txt")
```

## 8.5　文件夹管理

文件夹的管理操作包括创建文件夹、获取当前目录、改变当前目录、获取文件夹中的文件列表、删除文件夹。

• 创建文件夹: os.mkdir("文件夹");

- 获取当前目录：os.getcwd()；
- 改变当前目录：os.chdir("目录")；
- 获取文件和子文件夹的名称列表：os.listdir("文件夹")；
- 删除文件夹：os.rmdir("文件夹名字")。

例 8.10　完成文件夹管理操作，示例代码如下所示。

```
import os
dir=os.getcwd()                          #获取当前文件夹
print(dir)
print(os.listdir(dir))                   #获取当前目录的文件和子文件夹列表
os.rename("test.txt", "test.txt")        #文件重命名
os.mkdir("newa")                         #创建文件夹
os.mkdir("newb")                         #创建文件夹
os.remove("test.txt")                    #删除文件
os.rmdir("newa")                         #删除文件夹
os.chdir("newb")                         #改变当前目录
print(os.getcwd())                       #输出当前目录
```

## 【任务实现】

**1. 分析代码**

(1) 使用 os.chdir()方法设置当前文件夹。

(2) 使用 input()函数提示用户选择重命名的方式：添加字符、删除字符。

(3) 使用 os.listdir()方法获取当前文件夹下的所有文件名称。

视频讲解

(4) 根据用户的选择，使用 for 循环遍历所有文件名，用 os.rename()方法逐一对文件名进行重命名操作。

**2. 编写代码**

(1) 启动 PyCharm，右击项目文件夹 Chapter08，在弹出的快捷菜单中选择 New→Python File，在弹出的新建 Python 文件对话框中输入文件名"rename"，类别为 Python file。

(2) 在 rename.py 文件的代码编辑窗口，输入如下代码。

```
#需提前准备好文件夹以及需要改名的文件
import os
path="成绩"                        #可根据实际情况进行调整
os.chdir(path)
flag=int(input("请输入您要执行的操作(1-添加字符,2-删除字符)："))
for file in os.listdir():
    if flag==1:
        newname="二年级一班-"+file
        os.rename(file,newname)
    elif flag==2:
        index=len("二年级一班-")
```

```
        newname=file[index:]
        os.rename(file,newname)
    else:
        print("输入标识符不正确,请重新输入")
```

（3）按快捷键 Ctrl＋Shift＋F10 运行测试当前程序,会发现成绩文件夹下的所有文件被批量重命名。

## 【任务总结】

通过本任务的学习,读者可以掌握文件和文件夹操作的常用方法。在使用过程中需要注意以下几点。

- 路径兼容性:不同操作系统(如 Windows、Linux、macOS)使用不同的路径分隔符(如\或/),可以使用 os.path 模块中的函数(如 os.path.join)确保路径字符串的跨平台兼容性。
- 绝对路径与相对路径:绝对路径是从文件系统的根目录开始,而相对路径则是相对于当前工作目录或脚本所在的目录。
- 检查文件是否存在:在尝试读取或写入文件之前,可以使用 os.path.exists()检查文件是否存在,避免因文件不存在而导致的错误。
- 关闭文件:建议使用 with 语句来自动管理文件的打开和关闭,可以确保文件在使用完毕后被正确关闭,防止资源泄露。
- 检查文件夹是否存在:在创建新文件夹或向现有文件夹中添加文件之前,可以使用 os.path.isdir()检查目标文件夹是否存在。
- 避免覆盖现有文件:在复制或移动文件时,确保目标位置没有同名文件,以免意外覆盖。
- 权限问题:注意文件和文件夹的权限设置,应确保程序有足够的权限来读取、写入或删除文件和文件夹,必要时可以使用 os.chmod 修改权限。
- 异常处理:使用 try-except 块来处理可能发生的文件读写错误,如 FileNotFoundError、PermissionError 等,避免程序崩溃。

## 【巩固练习】

一、选择题

1. 使用 os 模块中的(    )函数可以创建新文件夹。

    A. os.make()       B. os.mkdir()       C. os.newdir()       D. os.createdir()

2. 在尝试读取或写入文件之前,可以使用(    )方法检查文件是否存在。

    A. os.path.exits()    B. os.chmod       C. os.path.isdir()    D. OS

二、填空题

1. 对文件和目录进行操作之前需要导入的模块是_____。

2. os 模块中的 mkdir 方法用于创建_____。

3. 文件的重命名函数是_____。

4. 获取目录列表的函数是_____。

5. 删除文件夹的函数是_____。

三、简答题

1. 如何在 Python 中读取一个文本文件的所有内容,并将其存储在一个字符串变量中?

2. 简述 remove()方法和 rmdir()方法的区别。

四、编程题

1. 编写 Python 程序,统计文件夹 folder_path(包括其子文件夹)中所有文件的数量,并打印出来。具体要求如下。

(1)遍历给定文件夹及其所有子文件夹。

(2)统计并返回所有文件的数量(不包括文件夹)。

(3)显示出文件总数。

注意:folder_path 文件夹可以替换成读者计算机中的任意文件夹。

2. 编写 Python 程序,列出文件夹 folder_path 中所有文件和子文件夹的名称,并显示出来,每个名称占一行。

## 【任务拓展】

1. 编写 Python 程序,针对给定的文件夹 folder_path(包含多个子文件夹和文件),找出所有包含特定字符串 target_string 的文件,并将这些文件移动到目标文件夹 target_folder 中。具体要求如下。

(1)递归遍历给定的文件夹及其所有子文件夹。

(2)检查每个文件的内容是否包含 target_string。

(3)如果文件内容包含 target_string,则将该文件移动到 target_folder 中。

(4)如果目标文件夹不存在,则创建该文件夹。

(5)在移动文件时,保留文件的原始文件夹结构。

2. 编写 Python 程序,针对给定的文件夹 root_dir(该文件夹下有多个子文件夹和文件),完成以下任务。

(1)遍历 root_dir 下的所有子文件夹和文件,并打印出它们的绝对路径。

(2)找出 root_dir 下所有扩展名为.txt 的文件,并打印出它们的绝对路径。

(3)在 root_dir 文件夹下创建一个名为 backup 的文件夹。

(4)将 root_dir 文件夹下所有扩展名为.txt 的文件复制到 backup 文件夹中,并保持原文件名不变。

(5)删除 root_dir 文件夹下所有扩展名为.tmp 的文件。

# 任务 3    文件数据读写

## 【任务提出】

运用 PyCharm 开发工具编写 Python 程序,读取工资文件 Salary.csv 的内容,将所有的数据复制到新文件 sum.csv 中,在末尾添加"总工资"列,并计算出每个员工的总工资,如图 8.4 所示。

| 姓名 | 基本工资 | 绩效工资 | 补贴工资 |
|------|----------|----------|----------|
| 张三 | 2000 | 2100 | 500 |
| 李四 | 2210 | 3600 | 0 |
| 王五 | 2600 | 4520 | 300 |

(a) Salary.csv

| 姓名 | 基本工资 | 绩效工资 | 补贴工资 | 总工资 |
|------|----------|----------|----------|--------|
| 张三 | 2000 | 2100 | 500 | 4600 |
| 李四 | 2210 | 3600 | 0 | 5810 |
| 王五 | 2600 | 4520 | 300 | 7420 |

(b) sum.csv

图 8.4    文件读取写入

## 【任务分析】

本任务是对 csv 文件进行数据的读取与写入,首先需要了解 csv 文件的存储格式,然后根据要求操作文件内容。具体的任务实施分析如下。

1. 创建 Python 程序文件 format.py。
2. 打开工资文件 Salary.csv 和汇总文件 sum.csv。
3. 读取 Salary.csv 的数据存入列表。
4. 增加新一列"总工资",计算总工资数额。
5. 将汇总后的数据写入 sum.csv 文件。
6. 运行程序,打开 sum.csv 文件查看结果。

## 【知识准备】

视频讲解

## 8.6    数据维度

在 Python 中,数据维度通常与数据结构相关,特别是在处理数组、矩阵或张量等数据类型时。数据的维度是数据的组织形式,根据组织形式不同,可分为一维数据、二维数据和多维数据。

**1. 一维数据**

一维数据通常是一个线性序列,各个元素可以通过空格、逗号等分隔。在 Python 中,一维数据包含一维列表、一维元组和集合等,这些数据结构只有一个维度,即它们的长度。

例如,某学期学生开设的课程列表,各课程通过逗号分隔,如下所示。

数学,英语,语文,体育,理综

**2. 二维数据**

二维数据由多个一维数据构成,是一维数据的组合形式,对应数学中的矩阵和二维数组。在 Python 中,二维数据包括二维列表、二维元组等,二维数据可以看作一个表格或矩阵,具有行和列两个维度。表格是最常见的二维数据组织形式,二维数据也称为表格数据。如表 8.2 所示的成绩数据就是一种二维表格数据。

表 8.2 二维数据

| 姓 名 | Java | Opencv | 机 器 学 习 | 爬 虫 |
|---|---|---|---|---|
| 张三 | 88 | 69 | 91 | 88 |
| 李四 | 63 | 89 | 96 | 93 |
| 王五 | 96 | 56 | 78 | 79 |

**3. 多维数据**

二维数据是一维数据的集合,以此类推,三维数据可以是二维数据的集合。当数据的维度超过两个时,称为多维数据。例如,2 个 3 行 4 列的三维列表[[[2,1,6,4],[1,4,3,7],[9,6,5,4]],[[7,7,5,2],[3,1,2,7],[3,6,5,1]]]就是多维数据。

## 8.7 数据存储

为了方便后续的读写操作,数据通常需要按照约定的组织方式存储在文件中。

**1. 一维数据存储**

一维数据呈线性排列,一般用特殊字符分隔,示例如下所示。

- 使用空格分隔:数学 英语 语文 体育 理综
- 使用逗号分隔:数学,英语,语文,体育,理综
- 使用符号"-"分隔:数学-英语-语文-体育-理综

在使用时需要注意以下几点。

- 同一文件或同组文件一般使用同一分隔符分隔。
- 分隔数据的分隔符不应出现在数据中。
- 分隔符为英文半角符号,一般不使用中文符号作为分隔符。

**2. 二维数据存储**

二维数据可视为多条一维数据的集合,CSV 格式是一种常见的二维数据存储格式,数据之间使用逗号分隔。CSV 文件以纯文本形式存储表格数据,文件的每一行对应表格中的一条数据记录,示例如下所示。

```
姓名,Java,Opencv,机器学习爬虫
张三,88,69,91,88
李四,63,89,96,93
王五,96,56,78,79
```

**3. 多维数据存储**

多维数据的表示非常复杂,为了直观地表示多维数据,也为了便于组织和操作,三维及以上的多维数据统一采用键值对的形式进行格式化,常见的表现形式为 JSON 格式,JSON 格式的数据遵循以下规则。

(1) 数据表示。

- JSON 可以表示两种结构化的数据:对象和数组。
- 对象(Object)是一个无序的键值对集合,使用花括号"{}"包围。
- 数组(Array)是有序的值列表,使用方括号"[]"包围。

(2) 键(Key)。

- 键必须是字符串,并用双引号包围。
- 键用于标识对象中的值,每个键在对象内部必须是唯一的。

(3) 值(Value)。

- 值可以是字符串、数字、布尔值(true 或 false)、对象、数组、null。
- 字符串值必须用双引号包围,且其中的特殊字符需要转义(例如,使用\"表示双引号,使用\\表示反斜杠)。
- 数字值不需要引号,可以是整数或浮点数。
- 布尔值 true 和 false 区分大小写。
- null 值表示空值。

(4) 逗号与分隔符。

- 对象中的键值对之间使用逗号分隔。
- 数组中的值之间使用逗号分隔。
- 在键和值之间使用冒号分隔。

(5) 空白符。

- JSON 允许在值之间、键和值之间、对象内部和数组内部使用空白符(空格、换行符、制表符等)来提高可读性,但在语法上它们是无关紧要的。

(6) 其他规则。

- JSON 的键和字符串值必须使用 UTF-8 编码。

JSON 的语法非常严格,不符合上述规则的文本将不会被解析为有效的 JSON 数据。

以下是一个存储学生信息的 JSON 数据集,示例如下所示。

```
[
    {
        "学号":12,
        "姓名":"张三",
        "性别":"男"
    },
    {
        "学号": 13,
        "姓名": "李四",
        "性别": "男"
    }
]
```

## 【任务实现】

**1. 分析代码**

根据本任务的要求,首先打开两个 csv 文件 Salary.csv 和 sum.csv,其中,Salary.csv 文件用来提供原始数据;sum.csv 文件是一个空文件,用来存储处理后的数据。

定义列表 lines 用于保存行数据。逐行读取 Salary.csv 中的数据,并使用 replace()方法去掉换行符,用 split()方法分离出单项数据并存入 lines 中。接下来,通过对元组中元素的修改,依次填写列标题"总工资",计算每个员工的总工资金额。最后,从 lines 中读取数据,通过 for 循环逐行写入 sum.csv 文件中。

**2. 编写代码**

(1) 启动 PyCharm,右键单击项目文件夹 Chapter08,在弹出的快捷菜单中选择 New→Python File,在弹出的新建 Python 文件对话框中输入文件名 format,类别为 Python file。

(2) 在 format.py 文件的代码编辑窗口,输入如下代码。

```python
with open('Salary.csv', encoding='utf-8') as old_file:
    lines =[]
    for l in old_file:
        line =l.replace('\n', '')
        lines.append(line.split(','))
    lines[0].append('总工资')
    for i in range(1, len(lines)):
        sumSalary =0
        for j in range(len(lines[i])):
            if lines[i][j].isnumeric():
                sumSalary +=int(lines[i][j])
        lines[i].append(str(sumSalary))
with open('sum.csv', 'w+', newline='') as file_new:
    for line in lines:
        print(line)
        file_new.write(','.join(line) +'\n')
```

(3) 按快捷键 Ctrl+Shift+F10 运行测试当前程序,检查文件 sum.csv 中的数据是否正常。

## 【任务总结】

通过本任务的学习,读者可以掌握不同维度数据的格式以及存储方法,并且可以熟练地对常用的 CSV 文件进行读取和写入操作。在读写数据需要注意以下几点。

- 当读取或写入 CSV 文件时,特别是处理非 ASCII 字符时(如中文、特殊符号等),需要确保文件的编码格式正确,避免出现乱码。如果不确定文件的编码方式,可以尝试使用 chardet 库来检测。Python 默认的编码方式为 UTF-8,使用 open()函数时,可以通过 encoding 参数指定编码格式。

- CSV 文件通常使用逗号作为字段分隔符,也可能会使用其他字符(如制表符、分号等)作为分隔符。读写时可以通过 delimiter 参数指定分隔符。

- CSV 文件使用引号字符(默认为双引号)来包围包含分隔符或换行符的字段。如果数据本身包含引号字符,它们通常会被转义(即重复)。当处理包含引号的数据时,需要确保正确地解析和写入这些字段。

- 不同的操作系统使用不同的行结束符。Windows 使用\r\n,UNIX/Linux 使用\n,而旧的 Mac 系统使用\r。在处理 CSV 文件时,需要确保正确地处理行结束符,以避免数据混乱。

- CSV 文件的第一行通常包含列标题,这有助于理解数据的结构,但并非所有 CSV 文件都有列标题。在读取 CSV 文件时,需要确定是否包含列标题,并相应地处理数据。

## 【巩固练习】

一、选择题

1. JSON 数据中的字符串必须用( )包裹。

    A. 单引号(')        B. 双引号(")        C. 反引号(`)        D. 不需要任何符号

2. JSON 数据格式支持数据类型( )。

    A. 列表        B. 元组        C. 集合        D. 字典

3. 在 Python 中,csv 模块主要用于读写( )格式的文件。

    A. Excel 文件    B. JSON 文件    C. 文本文件    D. 二进制文件

二、填空题

1. 根据组织数据时与数据有联系的参数的数量,数据可分为_____、_____、_____。

2. JSON 数据格式以_____方式存储。

3. 在 Python 中,要将数据写入 CSV 文件,可以使用 CSV 模块中的_____方法。

4. Python 中,数据存储格式的选择取决于数据的_____和_____需求。

三、判断题

1. "数学-英语-语文-体育-理综"这种存储方式属于一维数据存储。    ( )

2. 分隔数据的分隔符必须出现在数据中。    ( )

3. Python 的 CSV 模块只能用于处理以逗号分隔的数据。    ( )

四、编程题

将一个包含学生信息的列表写入 CSV 文件。每个学生信息是一个字典,包含以下键:姓名、学号、成绩。CSV 文件的列名应与字典的键对应。

## 【任务拓展】

1. 给定一个 CSV 文件 students.csv,内容如下所示。

```
姓名,年龄,等级
王一,20,A
武二,22,B
宋六,21,A
```

请编写 Python 程序,完成以下操作。

(1) 读取 CSV 文件,并打印所有学生的名字。

(2) 将所有学生的年龄增加 3 岁,并将更新后的信息写入新的 CSV 文件 students_updated.csv 中。

2. 给定一个 CSV 文件 employees.csv,该文件包含以下列:EmployeeID、FirstName、LastName、Department、Salary。请编写 Python 程序,完成以下操作。

(1) 读取 CSV 文件并打印前 5 行数据。

(2) 计算并打印每个部门的平均薪资。

(3) 找出薪资最高的员工并打印其信息。

# 项目 9

# 面向对象编程

Python 是一种面向对象的高级编程语言。所谓"面向对象"是指一种程序设计的思想,其基本原则是将对象作为程序的基本单元。面向对象程序设计(object oriented programming, OOP)是 20 世纪 90 年代产生的一种软件设计的新技术,是计算机编程技术的一次重大进步,具有代码重用性高、可维护性强、模块化程度高、易于扩展等优势。面向对象程序设计语言大部分都具备 3 个典型特性,分别是封装、继承和多态。Python 从设计之初就已经是一种面向对象编程语言,在 Python 中一切皆对象。Python 面向对象程序设计主要涉及类、对象、封装、继承、多态等概念。

本项目通过"虚拟宠物系统设计"这一任务的实现,帮助读者熟悉类、对象、封装、继承、多态等概念,理解面向对象程序设计的思想,掌握 Python 面向对象程序设计的语法格式,为实际应用面向对象编程打下基础。

## 【学习目标】

### 知识目标

1. 了解面向对象的基本概念。
2. 理解类属性与对象属性。
3. 理解实例方法。
4. 理解类方法与静态方法。
5. 理解构造方法与析构方法。
6. 理解访问权限与封装。
7. 理解类的继承。
8. 熟悉重写、调用父类方法的方式。
9. 理解多态的特性和实现方式。

### 能力目标

1. 能够定义类和对象。
2. 能够定义和使用实例方法。
3. 能够定义和使用静态方法、类方法。
4. 能够定义和使用构造方法、析构方法。

5. 能够借助访问权限与封装实现权限控制。

6. 能够使用类的继承进行程序设计。

7. 能够根据需要对父类的方法进行重写。

8. 能够在子类中调用父类的方法。

9. 能够运用多态进行程序设计。

【建议学时】

8 学时。

# 任务 1  虚拟宠物系统设计

## 【任务提出】

运用 PyCharm 开发工具编写 Python 程序,在该程序中实现一个简单的虚拟宠物系统,包括领养宠物、给宠物喂食、修改宠物年龄、修改版本信息、退出系统等功能,要求用面向对象的编程方式实现该系统,系统的界面如图 9.1 所示。

```
******虚拟宠物系统******
1. 领养一只小狗      2. 领养一只小猫
3. 给宠物喂食物      4. 修改宠物年龄
5. 修改版本信息      0. 退出系统
```

图 9.1  虚拟宠物系统

## 【任务分析】

本任务主要实现的是对虚拟宠物(如猫、狗等)的"饲养",涉及不同宠物及其行为的表示,因此需要通过 Python 中类与对象来编程实现。具体的任务实施分析如下:

1. 创建 Python 程序 virtual_pets_system.py。
2. 设计虚拟宠物系统的主界面。
3. 定义存放宠物对象的列表。
4. 定义系统入口,使用 input 函数接收用户从键盘输入的功能选项。
5. 定义父类动物类,设置动物名称、体重等属性,并定义设置动物年龄、动物发声、投喂食物等行为的方法。
6. 从动物类继承创建子类"狗""猫",并依据狗和猫不同的行为特性,重写动物类中的各个方法。
7. 根据用户的功能选择,执行相应的操作并给出操作结果。例如,用户选择"领养一只小狗",则创建子类"狗"的实例对象;选择"给宠物喂食物",则调用投喂食物的方法。
8. 运行测试程序,检验系统的各项功能。

## 【知识准备】

## 9.1  对象与类概述

### 9.1.1  对象

面向对象编程是一种基于对象概念的程序设计方法,是目前软件开发的主流方法。对象是对现实世界中客观存在事物的一种程序化描述,它可以是一个物理实体,也可以是某一个概念实体。从纸面上的数字到太空飞行的宇宙飞船等都可以看作对象,例如,一本书、一个学生、一只动物、一个账户,或者一个浮点数、一种变量类型乃至一种语言等,无一不是

视频讲解

对象。

在 Python 中,对象可以理解为程序员用自定义的数据类型声明的变量。例如,用学生类型声明的张同学,用账户类型声明的账户甲,用书籍类型声明的 Python 教程等。前面是类型,后面具体的个体是对象。

### 9.1.2 类

Python 中的类与生活中的类相似,例如,人类、学生类、动物类等。在 Python 中,类也包含属性和方法,类的属性是类中对象状态的抽象,可以用数据结构来描述;类的方法是类中对象行为的抽象,属性和方法统称为类的成员。例如,就学生类而言,学生有学号、姓名、所学课程等属性,学生还有学习、提问、吃饭、运动等动作行为。学生类就是对学生的这些属性和行为进行描述。

Python 提供了许多内置类,例如,表示整数的 int 类、表示浮点数的 float 类、表示字符串的 str 类、表示列表的 list 类、表示元组的 tuple 类等,程序员可以直接调用。不过,Python 也无法一一事先定义好全部的类供程序员直接调用,因此,程序员就需要根据系统设计的要求自行定义各种类,例如,学生成绩管理系统中的学生类、银行管理系统中的账户类、图书管理系统中的图书类、宠物管理系统中的动物类等。

类是对象的抽象,而对象是类的具体化,或者称为实例化。对象是根据类创建出来的,一个类可以创建多个对象。

### 9.1.3 类的定义

在不同的语言中,类与对象等基本概念的含义是一样的,但是不同语言中类与对象的定义语法是有区别的。在 Python 中可以使用关键字 class 定义一个类,语法格式如下所示。

```
class 类名:
    """类说明"""
    类体
```

语法格式说明如下所示。
- 类的定义以 class 开头,后面跟类名和冒号(必须为英文格式)。
- 类名是一个标识符,遵循 Python 标识符命名规则,首字母通常大写。
- 类体中定义类的所有细节,通常包括属性和方法两部分。
- 类说明可有可无,用于对类进行描述。

**例 9.1** 定义一个 Animal 类,示例代码如下所示。

```
class Animal:
    """自定义的动物类"""
    pass                        #类体为空,暂不实现
```

### 9.1.4 类的成员

在类的定义中通常包含成员变量和成员方法。其中,成员变量也称为属性,按照从属关

系可以分为类变量和实例变量；成员方法也称为行为，成员方法主要有构造方法、实例方法、静态方法、类方法等，如图 9.2 所示。

图 9.2　类的成员

### 9.1.5　对象的定义

类是抽象的，必须实例化才能使用类定义的功能，实例化即定义类的对象，又称为创建类的对象。如果把类的定义视为数据类型的定义，那么实例化就是创建了一个这种类型的变量。

在 Python 中，对象的创建和调用格式如下所示。

```
objectName = className([参数])
```

其中，objectName 是对象名，className 是已定义的类名，参数可选。

例 9.2　创建 Animal 类的一个对象 dog，示例代码如下所示。

```
dog = Animal()
```

## 9.2　类的属性

视频讲解

前面提到，成员变量按从属关系可以分为类变量和实例变量，而类变量又称为类属性；实例变量又称为实例属性或对象属性。

### 9.2.1　类属性

类属性是该类所拥有的属性，属于该类的所有实例对象。类属性属于整个类，不是特定实例的一部分，而是所有实例之间共享的一个副本。通常可以在类体中通过赋值语句定义变量来创建一个类属性，然后在类定义的方法或外部代码中，通过类名访问。类属性的语法格式如下所示。

```
#类体内初始化类属性(定义变量)
类变量名 = 初始值
#修改类属性的值
类名.变量名 = 值
#读取类属性的值
类名.变量名
```

另外，在类体定义外部还可以通过赋值语句"类名.属性名 = 值"动态添加新的类属性。

例 9.3　类属性的创建与赋值，示例代码如下所示。

```
class Animal:
    #类体中初始化类属性 count
    count = 0
#读取类属性的值并打印
```

```
print(Animal.count)                    #输出：0
Animal.count =1                        #修改类属性的值
print(Animal.count)                    #输出：1
Animal.name ='dog'                     #动态添加类属性
print(Animal.name)                     #输出：dog
```

从上面的示例中可以看到，类属性的读、写等操作都是通过"类名.属性名"方式来实现的。

### 9.2.2 对象属性

与类属性不同，对象属性是类的实例对象所拥有的属性，对象属性仅属于特定的实例对象。与普通变量类似，对象属性也可以通过赋值语句来动态创建。

在类的内部，对象属性通过实例方法中的 self 关键字定义，语法格式如下所示。

```
#定义对象属性并初始化
self.属性名 =name
```

其中，self 是实例方法的第一个形参，代表类的当前实例对象，self 参数不用传值。在其他实例方法中，可以通过"self.属性名"的形式来访问实例属性。

在类的外部，通过实例对象访问对象属性，语法格式如下所示。

```
#修改对象属性变量的值
对象名.属性名 =值
```

例 9.4    对象属性的定义与访问，示例代码如下所示。

```
#在 Animal 类中定义 name 对象属性
class Animal:
    def __init__(self, name):            #构造方法
        #对象属性 name,表示动物的名字
        self.name =name
#类外
dog =Animal("Jerry")                     #创建实例对象 dog
dog.name ="Tom"                          #修改属性值
print(dog.name)                          #输出：Tom
```

在 Python 中，每个对象都有一个 __dict__ 属性，它是一个字典，用于存储对象的属性和它们的值。__dict__ 属性主要用于动态地查看和修改对象的属性。对于用户自定义的对象，__dict__ 通常包含了在实例方法中定义的所有属性。

例 9.5    使用对象 __dict__ 属性，示例代码如下所示。

```
class Animal:
    def __init__(self, name, age):
        self.name =name
        self.age =age
#创建一个 Animal 对象
dog =Animal("Alice", 3)
```

```
#访问对象的__dict__属性
print(dog.__dict__)                #输出: {'name': 'Alice', 'age': 3}
dog.__dict__['food'] = "bone"      #通过__dict__添加新的属性
print(dog.food)                    #输出: bone
dog.__dict__['age'] = 4            #通过__dict__修改已有的属性,类似字典键值的修改
print(dog.age)                     #输出: 4
del dog.__dict__['food']           #通过__dict__删除属性,类似删除字典元素
print(hasattr(dog, 'food'))
                        #输出: False,hasattr()函数用于检查对象是否具有指定的属性
```

在 Python 中,如果尝试访问一个实例对象上不存在的属性,并且这个属性与类中的一个属性同名,那么 Python 会查找类属性而不是引发一个 AttributeError 错误,这种行为称为属性查找“回退”到类属性。

**例 9.6**　访问不存在的对象属性,示例代码如下所示。

```
class Animal:
    hometown = '中国'             #类属性 hometown
    def __init__(self, name, age):  #构造方法
        self.name = name           #对象属性 name
        self.age = age             #对象属性 age
    @classmethod                   #类方法
    def get_hometown(cls):
        return cls.hometown
#创建实例对象
cat = Animal("Tom", 6)
#对象属性 hometown 不存在,以类属性的值作为对象属性的值
print(cat.hometown)               #输出: 中国
cat.hometown = '其他'             #添加并设置对象属性 hometown 的值
print(cat.hometown)               #输出: 其他
print(Animal.get_hometown())      #输出: 中国
```

在上述代码中,Animal 有一个类属性 hometown,当创建 Animal 的实例 cat 并尝试访问 hometown 属性时,尽管 cat 本身没有 hometown 这个属性,Python 会在 Animal 类中查找这个属性,并返回类属性的值。需要注意的是,给 cat 实例对象添加 hometown 属性并赋值后,并不影响 Animal 类中 hometown 属性的值。当实例对象和类中出现同名的属性时,优先访问实例对象中的属性。

类属性和对象属性是两种不同的属性类型,主要区别如下所示。

- 从属关系不同。类属性属于类本身,由类的所有实例对象共享,在内存中只有一个副本;对象属性则属于类的某个特定实例对象。如果存在同名的类属性和对象属性,则两者相互独立、互不影响。
- 定义的位置和方式不同。类属性是在类中所有成员方法的外部定义的,而对象属性则是在实例方法中以“self.属性名”形式定义的。
- 访问方式不同。类属性是通过“类名.属性名”形式访问的,而对象属性则是通过实例对象以“对象名.属性名”形式访问的。

## 9.3 类的方法

在定义类时通常会在其中声明一些函数,这些函数一般与类对象或实例对象绑定在一起,被称为方法(method)。方法与函数是两种不同的概念,函数是封装操作的模块程序,而方法则是定义在类内部的函数,并且定义的语法也与函数不同。

本书前面已经介绍过,类的成员方法主要有类方法、静态方法、实例方法、内置方法等。不同的方法有不同的使用场景、定义及调用形式,不同的方法也有不同的访问限制。

视频讲解

### 9.3.1 实例方法

在 Python 中,实例方法(instance method)是与特定类的实例对象相关联的方法。这些方法必须通过类的实例对象来调用,并可以访问和修改该实例对象的属性和其他方法。实例方法的本质是对象所拥有的行为。例如,张杰同学是学生类型的对象,则张杰同学吃饭、学习、提问、运动等行为,都可以用实例方法予以实现。

在定义实例方法时,至少需要定义一个参数,并且必须以类的实例对象作为其第一参数,一般以 self 命名该参数(当然也可以使用其他名称),语法格式如下所示。

```
def  方法名(self,[形参列表]):
     方法体
```

实例方法可以通过实例对象来调用,语法格式如下所示。

```
对象名.方法名([参数])
```

例 9.7 实例方法的声明及调用,示例代码如下所示。

```python
class Animal:
    def __init__(self, name, age):
        self.name =name
        self.age =age
    def say_hi(self):                    #定义实例方法
        print('Hi, my name is {}, {} years old.'.format(self.name, self.age))
#类外
dog =Animal('Tom', 2)                    #创建实例对象 dog
dog.say_hi()                             #调用实例方法
```

程序运行结果如下所示。

```
Hi, my name is Tom, 2 years old.
```

视频讲解

### 9.3.2 类方法

Python 中类方法(class method)是类本身拥有的成员方法,通常用于对类属性进行修改。类方法不对特定实例进行操作,在类方法中访问实例属性(即对象属性)会导致错误。类方法至少要包含一个参数 cls,Python 会自动将类本身绑定给 cls 参数。

定义类方法需要用到修饰器@classmethod,以表示其为类方法,语法格式如下所示。

```
@classmethod
def 方法名(cls, …):
    方法体
```

调用类方法的方式有两种,一种是通过类调用,另一种是通过实例对象调用,语法格式如下所示。

```
类名.方法名([参数])
对象名.方法名([参数])
```

例 9.8    在 Animal 类中定义类属性及类方法,示例代码如下所示。

```
class Animal:
    hometown = '中国'
    def __init__(self, name, age):
        self.name = name
        self.age = age
    @classmethod                        #定义类方法
    def get_hometown(cls):
        return cls.hometown
#类外
#调用类方法--类名.方法名([参数])
print(Animal.get_hometown())           #输出:中国
#创建实例对象 a1
a1 = Animal('Tom', 3)
#调用类方法--对象名.方法名([参数])
print(a1.get_hometown())               #输出:中国
```

### 9.3.3 静态方法

在 Python 中,静态方法(static method)是类的方法,但它不依赖于类的实例或类的任何状态,可以在没有创建实例对象的情况下调用它。静态方法不能访问对象属性、实例方法、类方法,其存在主要是为了便于使用和维护某些信息。与类方法和实例方法不同,静态方法可以带任意数量的参数,也可以不带任何参数。

静态方法定义需要用修饰器@staticmethod 进行修饰,语法格式如下所示。

```
@staticmethod            #用 staticmethod 进行修饰
def 方法名([参数列表]):
    方法体
```

调用静态方法的方式也有两种,分别是通过类调用或通过实例对象调用,语法格式如下所示。

```
类名.方法名([参数])
对象名.方法名([参数])
```

例 9.9　静态方法定义及调用,示例代码如下所示。

```
class Animal:
    version = ""
    @staticmethod          #定义带有一个参数的静态方法
    def set_version(v):
        Animal.version = v  #设置版本号
    @staticmethod          #定义静态方法
    def get_version():
        return Animal.version  #获取版本号
#类外
Animal.set_version("版本 1")
print(Animal.get_version())   #输出:版本 1,类调用静态方法
cat=Animal()
print(cat.get_version())      #输出:版本 1,实例对象调用静态方法
```

视频讲解

### 9.3.4　内置方法

内置方法通常用来完成一些特定的功能。在 Python 中,每定义一个类,系统都会自动地为它添加一些默认的内置方法。这些方法由特定的操作触发,无须显式调用,方法名通常约定以两个下画线开始,并以两个下画线结束。

构造方法和析构方法是两个常用的内置方法,它们在面向对象程序设计中起着重要的作用。

**1. 构造方法**

在 Python 中,构造方法(constructor)是一个特殊的方法,用于在创建类的新实例对象时初始化该实例对象。构造方法通常命名为__init__,并且在创建类的实例时自动调用。__init__方法允许为对象的属性设置初始值。

当创建类的实例对象时,Python 会自动调用__init__方法,并将新创建的实例作为第一个参数(通常命名为 self)传递给它。还可以在构造方法中执行其他初始化操作,例如,设置默认值、验证参数的有效性等。

例 9.10　构造方法中使用参数默认值,示例代码如下所示。

```
class Animal:
    def __init__(self, Animalname="Tom", Animalage=3):
        self.name = Animalname
        self.age = Animalage
#创建 cat 实例,不传递任何参数,使用默认值
cat = Animal()
print(cat.name)          #输出: Tom
print(cat.age)           #输出: 3

#创建 dog 实例,传递参数值
dog = Animal("Alice",4)
print(dog.name)          #输出: Alice
print(dog.age)           #输出: 4
```

上述代码中,创建 cat 实例对象时,没有传递参数给构造方法,则使用默认值 Tom、3。

**例 9.11**  构造方法中验证参数的有效性,示例代码如下所示。

```
class Animal:
    def __init__(self, Animalname="Tom", Animalage=3):
        if not isinstance(Animalname, str):              #判断是否为字符串类型
            raise TypeError("name 必须是字符串")           #抛出错误提示
        if not isinstance(Animalage, int) or Animalage <0:
                                                          #判断是否为整数类型且值大于或等于 0
            raise TypeError("age 必须是大于或等于 0 的整数")   #抛出错误提示
        self.name =Animalname
        self.age =Animalage

#创建 sheep 实例,传递负数值
sheep =Animal("Duoli",-4)
print(sheep.name)
print(sheep.age)
```

上述代码中,创建 sheep 实例对象时,传递了一个负数−4,不符合构造方法中定义的有效性验证规则,运行时会抛出错误提示。

```
TypeError: age 必须是大于或等于 0 的整数
```

需要注意的是,构造方法并不是 Python 类所必需的,如果没有定义__init__方法,Python 仍然会创建一个没有初始化操作的实例。但是,通常为了设置实例对象的初始状态或执行必要的初始化步骤,需要在类中定义一个构造方法。

**2. 析构方法**

在 Python 中,析构方法(destructor)通常指的是__del__方法。当一个对象不再被使用时,Python 的垃圾回收机制会自动调用这个对象的__del__方法,释放相应的资源。析构方法无须在程序中显式调用,这通常可以用来执行一些清理操作,例如,关闭文件、断开数据库连接等。

**例 9.12**  析构方法的定义与使用,示例代码如下所示。

```
class Animal:
    count =0                          #定义类属性,记录当前对象个数
    def __init__(self, name, age):    #定义构造方法
        self.name =name
        self.age =age
        Animal.count +=1
        print('__init__方法被调用,当前创建了{}个对象'.format(Animal.count))

    def __del__(self):                #定义析构方法,退出程序之前会被调用
        Animal.count -=1
        print('__del__方法被调用,当前还剩{}个对象'.format(Animal.count))
#类外
a1 =Animal('Tom', 3)                  #创建实例对象 a1
print('My name is', a1.name, 'and my age is', a1.age)    #输出属性
a2 =Animal('Jerry', 2)                #创建实例对象 a2
print('My name is', a2.name, 'and my age is', a2.age)    #输出属性
```

程序运行结果如下所示。

```
__init__方法被调用,当前创建了 1 个对象
My name is Tom and my age is 3
__init__方法被调用,当前创建了 2 个对象
My name is Jerry and my age is 2
__del__方法被调用,当前还剩 1 个对象
__del__方法被调用,当前还剩 0 个对象
```

视频讲解

## 9.4 访问权限与封装

### 9.4.1 访问权限

Python 支持将属性和方法设置成特定的访问权限,但是并没有提供 public、protected、private 这些修饰符,而是使用一套约定的规则,如下所示。

- 公有权限:类中的普通属性和方法,默认都是公有的,可以在类的内部、外部、子类中访问。公有的属性或方法通常不以下画线开头。
- 私有权限:以两个下画线开头的属性或方法为私有的,私有的属性或方法只能在该类的内部访问,不能在外部及子类中访问。

在 Python 中通常只有公有权限和私有权限,但有时可能会出现以一个下画线开头的属性变量,例如_name,这样的变量通常不要随意在类的外部访问,这种情况类似 C++ 或 Java 中的受保护权限。

**例 9.13** 在类外访问私有权限属性,示例代码如下所示。

```
class Animal:
        #定义构造方法
    def __init__(self, name, age):
        self.name =name              #定义公有属性
        self.__age =age              #定义私有属性
#定义实例对象 a1
a1 =Animal('Tom', 3)
print(a1.name)                       #访问公有属性,正常运行,输出: Tom
print(a1.__age)                      #类外访问私有属性,报错
```

程序运行报错提示信息如下所示。

```
AttributeError: 'Animal' object has no attribute '__age'
```

### 9.4.2 封装

封装(encapsulation)是在定义类时,将一些属性和方法隐藏在类的内部,使其在类外无法直接访问,只能通过指定的方式访问。封装数据的主要目的是确保用户按规则访问,保护数据。

为什么要进行封装呢？首先,封装机制保证了类内部数据结构的完整性,因为使用类的

用户无法直接看到类中的数据结构,只能使用类允许公开的数据,很好地避免了外部对内部数据的影响。对类进行封装后,只能借助公有的类方法来访问数据,程序员只需要在这些方法中加入适当的访问控制,即可轻松限制用户对类中属性或方法的不合理操作。此外,对类进行良好的封装,还可以提高代码的复用性。

一般可以采用如下方式实现封装:把需要保护的属性定义为私有属性,即在属性名的前面加上两个下画线;添加用于设置(set)和获取(get)属性值的两个方法供外界调用,并在其中添加适当的控制逻辑,限制不合理的操作。

例 9.14 类的封装,示例代码如下所示。

```python
class Animal:
    #定义构造方法
    def __init__(self, name, age):
        self.name = name              #定义公有属性
        self.__age = age              #定义私有属性
    #定义 set 方法设置年龄
    def set_age(self, age):
        #设置限制条件,确保设置的年龄在正常范围
        if 0 <= age <= 20:
            self.__age = age
        else:
            print('年龄超出正常范围,请重新输入!')
    #定义 get 方法用于获取年龄
    def get_age(self):
        return self.__age
#定义实例对象 cat
cat = Animal('Tom', 3)
print(cat.name)                    #访问公有属性,输出:Tom
cat.set_age(33)                    #输出:年龄超出正常范围,请重新输入!
print(cat.get_age())               #输出:3,年龄未改变
cat.set_age(13)                    #设置年龄为 13 岁,在正常范围内
print(cat.get_age())               #输出:13,年龄已被修改
```

## 9.5 类的继承

视频讲解

在 Python 中,类的继承允许一个类(称为子类或派生类)继承另一个类(称为父类或基类)的属性和方法。这两个类之间的关系可以描述为"父类-子类"或"基类-派生类"或"超类-子类"。子类通过继承可以得到父类中所有的属性和方法,并且可以对所得到的这些属性和方法进行重写和覆盖。类的继承是面向对象编程(OOP)的核心特性。

Python 支持多重继承,这意味着一个类可以继承自多个父类。因此,类的继承也可以分为单一继承和多重继承两类。

### 9.5.1 单一继承

单一继承简称单继承,是指基于单个父类定义子类,也就是该子类有且只有一个直接父类。通常,在程序开发过程中,如果需要定义一个类 B,但其大部分代码与已经存在的类 A

相同,此时没必要重新从头定义类 B,直接让类 B 继承类 A,并重写不一样的部分即可,这样可以提高代码的复用性。

单继承的语法格式如下所示。

```
class <子类名>(父类名):
    类体
```

其中,子类名表示新定义的类,父类名必须放在圆括号内。单继承时圆括号内只有一个父类名。如果圆括号中没有指定父类名,则默认其父类为 object 类。object 类是所有对象的基类,在其中定义了公用方法的默认实现。

子类定义完成后,子类将拥有父类的所有公有属性和所有方法,例如,构造方法、析构方法、类方法、静态方法和实例方法等。除此之外,子类还可以扩展父类的功能,这主要是通过增加新的属性和方法,或者修改从父类继承过来的方法,以满足特定的需要。

例 9.15  单一继承,示例代码如下所示。

```
class Animal:
    def __init__(self):
        self.name ="这是父类的属性"
    def animal_method(self):
        print("这是父类的方法")
#定义一个子类,继承自 Parent 类
class Cat(Animal):
    def __init__(self):
        #调用父类的构造函数
        super().__init__()
        self.age ="这是子类属性"
    def cat_method(self):
        print("这是子类的方法")

CatA =Cat()                    #创建一个 Child 类的实例
#访问继承自父类的属性
print(CatA.name)               #输出:这是父类属性
#调用继承自父类的方法
CatA.animal_method()           #输出:这是父类的方法
#访问子类自己的属性
print(CatA.age)                #输出:这是子类属性
#调用子类自己的方法
CatA.cat_method()              #输出:这是子类的方法
```

上述代码中,Cat 类继承自 Animal 类。Cat 类通过 super().__init__() 调用了 Animal 类的构造函数来初始化继承 name 属性。Cat 类定义了自己的 age 属性和 cat_method 方法。当创建一个 Cat 类的实例 CatA 时,可以访问 Animal 类中定义的 name 属性和 animal_method 方法,同时也可以访问 Cat 类中定义的 age 属性和 cat_method 方法。

### 9.5.2  多重继承

Python 支持多重继承,当有多个父类时即为多重继承,多重继承简称多继承,其语法格式如下所示。

```
class <子类名>(父类名 1, 父类名 2, …, 父类名 n):
    类体
```

多继承相对比较复杂一些,使用时要仔细分析。

例 **9.16** 多重继承,示例代码如下所示。

```
#定义第一个父类
class AnimalA:
    def method_a(self):
        print("父类 A 的方法")
#定义第二个父类
class AnimalB:
    def method_b(self):
        print("父类 B 的方法")
#定义子类,继承自 A 和 B
class Cat(AnimalA,AnimalB):
    def method_c(self):
        print("子类的方法")
#创建一个 Child 类的实例
CatA = Cat()
#调用继承自 A 的方法
CatA.method_a()                    #输出:父类 A 的方法
#调用继承自 B 的方法
CatA.method_b()                    #输出:父类 B 的方法
#调用子类自己的方法
CatA.method_c()                    #输出:子类的方法
```

## 9.6 重写和调用父类方法

### 9.6.1 重写父类方法

视频讲解

子类可以通过继承拥有父类所有的属性和方法。一般情况下,子类都会根据当前需要修改或者扩展功能,例如之前讲到的增添新的属性。此外,子类也经常需要修改父类已有的方法,对其进行重定义,以满足特定的需求,这就是重写父类方法,又称覆盖父类方法。

子类中重写父类方法的语法格式如下所示。

```
#重写父类方法
class 子类名(父类名):
    def 方法名([参数]):
        新方法体
```

需要注意的是,子类中重写父类的方法时,要求具有相同的方法名和参数列表,否则就不是重写而是增加新的方法。

例 **9.17** 重写父类方法,示例代码如下所示。

```
#定义父类 A
class A:
```

```
    def fun1(self):                    #父类方法 fun1
        print('父类')                  #输出父类
#定义子类 B
class B(A):
    def fun1(self):                    #重写父类方法 fun1
        print('子类')                  #输出子类
#定义父类实例对象
a1 = A()
a1.fun1()                              #父类实例对象调用父类的方法,输出父类
#定义子类实例对象
b1 = B()
b1.fun1()                              #子类实例对象调用子类的方法,输出子类
```

程序运行结果如下所示。

```
父类
子类
```

### 9.6.2　调用父类方法

在某些情况下,需要在子类中保留父类的功能,可以在子类中调用父类的方法,实现方法是用父类的名字调用父类的方法,语法格式如下所示。

```
父类名.方法名(self)
```

其中,方法名即为想要调用的父类方法名称。需要注意的是,使用类名调用类的成员方法时,Python 不会为该方法的第一个参数 self 自动绑定值,因此需要手动为 self 参数赋值。

此外,在子类中还可以通过 super()函数调用父类的方法,语法格式如下所示。

```
super().方法名()
```

例 9.18　子类中调用父类方法,示例代码如下所示。

```
#定义父类 A
class A:
    def fun1(self):                    #父类方法 fun1
        print('父类')
#定义子类 B
class B(A):
    def fun1(self):                    #重写父类方法
        super().fun1()                 #在子类中通过 super()函数调用父类方法
        #在子类中通过类名调用父类方法
        A.fun1(self)                   #不要忘了写 self,否则会报错
        #子类自己的内容
        print('子类')
#类外定义子类 B 的实例对象
b1 = B()
```

```
#调用 fun1 方法
b1.fun1()
```

程序运行结果如下所示。

```
父类
父类
子类
```

## 9.7　多态性

视频讲解

Python 中的多态(polymorphism)是一种程序设计概念，它允许一个接口(通常是方法或函数)被不同的对象以不同的方式实现或调用。在运行时，程序会根据不同的对象来决定调用哪个具体的方法。例如，对于动物发声这一动作，如果是狗发声则声音为"汪汪"，如果是猫发声则声音为"喵喵"，在程序实现时就需要根据不同的动物类型调用不同的发声方法。

在 Python 中多态最常见的实现方式是继承时多态，在继承体系中，子类从父类继承方法，并修改继承来的方法以适应子类的需要。在之后对象调用同名方法时，系统会根据对象来判断应该执行哪个方法。

例 9.19　多态的实现，示例代码如下所示。

```python
class Animal:
    def speak(self):
        pass
class Dog(Animal):
    def speak(self):
        return "汪汪"
class Cat(Animal):
    def speak(self):
        return "喵喵"
def play_sound(animal):
    print(animal.speak())
#创建 Dog 和 Cat 对象，并调用 play_sound()函数
dog = Dog()
cat = Cat()
play_sound(dog)                 #输出：汪汪
play_sound(cat)                 #输出：喵喵
```

在上述代码中，定义了一个基类 Animal 以及两个派生类 Dog 和 Cat，每个类都有一个 speak()方法，但它们的实现是不同的。定义了一个函数 play_sound()，将 Dog 或 Cat 对象传递给这个函数，Python 会根据实际对象的类型来决定调用哪个 speak()方法。

## 【任务实现】

视频讲解

### 1. 代码分析

根据任务的设计要求，经过分析可知，虚拟宠物系统主要涉及猫和狗这两种动物，它们

是动物中两种具体的类别,因此可以定义一个动物类作为父类,在父类中设计两者的公共属性和方法,然后再派生出猫类和狗类,并在这两个子类中重写父类的一些方法,同时根据需要增加一些属性和方法,以满足子类的需要。具体说明如下所示。

(1) Animal 类。

- 作为父类,表示抽象的动物。
- 带有类属性和实例属性。
- 带有一些实例方法,部分方法只声明不实现。
- 带有类方法和静态方法,完成特殊功能。

(2) Dog 和 Cat 类。

- 作为子类,表示具体的动物:狗和猫。
- 继承父类属性,并增添特有属性。
- 继承父类方法,并增添特有的方法。
- 根据动物特性,重写父类的某些方法。

(3) 涉及的方法主要包括以下两部分。

① 父类 Animal 的主要方法。

- 类方法:set_version(),设置版本信息。
- 静态方法:get_version(),获取版本信息。
- 构造方法:__init__()。
- 析构方法:__del__()。
- set_age():设置年龄。
- get_age():获取年龄。
- play_sound():输出声音,暂不实现,类体为空。
- feed_food():投喂食物,暂不实现,类体为空。
- feed_back():宠物的反馈,暂不实现,类体为空。

② 子类 Dog 和 Cat 的主要方法。

- 构造方法:__init__(),调用父类__init__方法以完成初始化。
- set_weight():设置宠物狗体重。
- get_weight():获取宠物狗体重。
- set_bread():设置宠物猫品种。
- get_bread():获取宠物猫品种。
- play_sound():重写该方法-狗和猫分别输出不同的声音。
- feed_food():重写该方法-狗和猫投喂不同的食物。
- feed_back():重写该方法-狗和猫给出不同的反馈。

结合系统主菜单,根据系统的不同功能模块设计若干功能函数,具体函数说明如下所示。

- show_menu():输出系统主菜单。
- create_dog():创建一只狗。
- create_cat():创建一只猫。
- feed_pets():给宠物喂食。
- modify_age():修改指定宠物的名字。

另外,还需要一个 while 循环,设置条件为 True,使之一直保持运行,不断地读取用户输入的选项,然后根据该选项执行相应的操作,直至用户选择退出系统。

**2. 编写代码**

(1)启动 PyCharm,选择菜单 File→New Project,指定项目位置为 D:\Chapter09。

(2)右键单击项目文件夹 Chapter09,在弹出的快捷菜单中选择 New→Python File,在弹出的新建 Python 文件对话框中输入文件名 virtual_pets_system,类别为 Python file。

(3)在 virtual_pets_system.py 文件的代码编辑窗口,按照步骤逐行输入以下代码。

① 定义父类。在父类中使用类方法设置系统版本,使用静态方法读取系统版本,并定义构造方法、析构方法及其他方法。

```python
#定义父类 Animal
class Animal:
    __version ='版本 0'              #私有类属性
    @classmethod                      #类方法
    def set_version(cls, version):
        cls.__version =version
    @staticmethod                     #静态方法
    def get_version():
        return Animal.__version
    #定义构造方法,用于初始化对象
    def __init__(self, name, age):
        self.name =name               #公有实例属性
        self._age =age                #受保护实例属性

    #定义析构方法
    def __del__(self):
        print('宠物{}的数据已被清理'.format(self.name))
    def set_age(self, age):
        if 0 <=age <=20:              #限制在 20 岁以内
            self._age =age
        else:
            print('年龄输入超出正常范围!')
    def get_age(self):
      return self._age
    def play_sound(self):             #输出声音
        pass                          #暂不实现,方法体为空
    def feed_food(self):              #投喂食物
        pass
    def feed_back(self):              #动物的反馈
        pass
```

② 定义派生类 Dog 和 Cat,表示宠物狗和宠物猫。在 Dog 类与 Cat 类中添加新的属性和方法,并修改从父类中继承的方法。

```python
#定义派生类 Dog
class Dog(Animal):
    def __init__(self, name, age, weight):
        super().__init__(name, age)        #调用父类构造方法
        self._weight =weight               #增加属性,表示狗的体重
```

```
        def set_weight(self, weight):
            if 0 <=weight <=100:      #体重限制在100kg以内
                self._weight =weight
            else:
                print('体重输入超出正常范围!')
        def get_weight(self):
            return self._weight
        #重写父类方法
        def play_sound(self):
            print('主人好,我是您的宠物狗{},目前{}岁,体重{}kg,汪汪...'
                .format(self.name, self.get_age(), self._weight))
        def feed_food(self):        #投喂食物-狗粮
            print('给{}投喂狗粮'.format(self.name))
        def feed_back(self):        #动物的反馈
            print('我是宠物狗{},我吃饱了,谢谢主人!'.format(self.name))
#定义派生类 Cat
class Cat(Animal):
    def __init__(self, name, age, breed):
        super().__init__(name, age)
        self._breed =breed       #增加属性,表示猫的品种
    def set_breed(self, breed):
        #限制猫的品种
        if breed =='狸花猫' or breed =='短尾猫' or breed =='加菲猫':
            self._breed =breed
        else:
            print('猫咪品种选择错误!')
    def get_breed(self):
        return self._breed
    #重写父类方法
    def play_sound(self):
        print('主人好,我是您的宠物猫{},目前{}岁,是一只{},喵喵...'
            .format(self.name, self.get_age(), self._breed))
    def feed_food(self):        #投喂食物-猫粮
        print('给{}投喂猫粮'.format(self.name))
    def feed_back(self):        #动物的反馈
        print('我是宠物猫{},我吃饱了,谢谢主人!'.format(self.name))
```

③ 定义主菜单函数、存放宠物的列表,并定义创建宠物狗与宠物猫的方法、给宠物喂食的方法、修改宠物年龄的方法。

```
#主菜单
def show_menu():
    menu ='''******虚拟宠物系统******
    1.领养一只小狗          2.领养一只小猫
    3.给宠物喂食物          4.修改宠物年龄
    5.修改版本信息          0.退出系统'''
    print(menu)
pets =[]                                #存放宠物对象
#创建一只狗
def create_dog():
    name =input('请输入宠物狗名字: ')
```

```
        age =input('请输入宠物狗年龄(0~20)：')
        weight =input('请输入宠物狗体重(0~100)kg：')
        dog =Dog(name, age, weight)                #初始化对象
        dog.play_sound()
        pets.append(dog)
        print()                                    #输出空行
#创建一只猫
def create_cat():
        name =input('请输入宠物猫名字：')
        age =input('请输入宠物猫年龄(0~20)：')
        bread =input('请输入宠物猫品种(狸花猫、短尾猫、加菲猫)：')
        cat =Cat(name, age, bread)                 #初始化对象
        cat.play_sound()
        pets.append(cat)
        print()
#给宠物喂食
def feed_pets():
        for pet in pets:                           #应用多态
            pet.feed_food()                        #给所有宠物喂食
            pet.feed_back()                        #宠物反馈
        print()
#修改指定宠物的年龄
def modify_age(name):
        for pet in pets:                           #遍历宠物列表找到目标宠物
            if name ==pet.name:
                age =int(input('请输入新的年龄(0~20)：'))
                pet.set_age(age)
                print('{}的新年龄是{}岁'.format(pet.name, age))
                print()
                break
        else:
            print('不存在该宠物')
```

④ 定义主函数，在其中定义 while 循环，设置循环条件为 True，在循环中输出菜单，并读取用户的输入，使用 if-elif-else 多分支语句判断用户的输入，执行对应的操作，直至用户选择退出为止。

```
if __name__ =='__main__':
    while True:
        show_menu()
        choice =int(input('请输入您的选择(0-5)：'))
        if choice ==1:                    #领养一只小狗
            create_dog()
        elif choice ==2:                  #领养一只小猫
            create_cat()
        elif choice ==3:                  #给所有宠物喂食
          feed_pets()
        elif choice ==4:
            name =input('请输入要修改年龄的宠物名字：')
            modify_age(name)
        elif choice ==5:
```

```
        version = input('请输入新版本信息: ')
        Animal.set_version(version)
        print('系统当前版本为: ', Animal.get_version())
    elif choice == 0:          #退出
        pets.clear()           #清理数据,释放内存
        print('系统已退出')
        break
    else:
        print('选择错误,请重新选择!')
```

运行上面的程序,即可输入相应的选项进行测试,如下所示。

```
******虚拟宠物系统******
    1.领养一只小狗        2.领养一只小猫
    3.给宠物喂食物        4.修改宠物年龄
    5.修改版本信息        0.退出系统
请输入您的选择(0-5): 5
请输入新版本信息: version1
系统当前版本为:  version1
******虚拟宠物系统******
    1.领养一只小狗        2.领养一只小猫
    3.给宠物喂食物        4.修改宠物年龄
    5.修改版本信息        0.退出系统
请输入您的选择(0-5): 0
系统已退出
```

## 【任务总结】

通过本任务的学习,读者可以全面地了解 Python 面向对象编程的基本概念,掌握如何运用面向对象编程的思想和方法去编写 Python 程序。在进行面向对象编程时,为了编写更清晰、更易维护的代码,需要注意以下几方面。

- 明确类和对象的关系:类是对象的模板,定义了对象的属性和方法。对象是根据类创建的具体实例,具有类定义的属性和方法。
- 合理设计类:避免创建过于复杂的类,尽量遵循单一职责原则,即一个类应该只负责一个功能领域中的相应职责,降低类的复杂性,提高类的可读性和可维护性。
- 使用有意义的名称:为类、方法、属性和变量选择描述性强、易于理解的名称。遵循 Python 的命名规范,例如使用小写字母和下画线分隔单词(snake_case)。
- 封装数据:通过将数据和方法封装在类中,实现数据隐藏和封装,以提高代码的安全性和可维护性。可以使用访问器(get)和修改器(set)方法来控制对私有属性的访问和修改。
- 继承与多态:合理使用继承来创建具有层次结构的类,实现代码重用和扩展性。但同时也要注意避免过度继承,以免导致类结构混乱和代码难以维护。可以利用多态性实现方法的动态绑定,提高代码的灵活性和可扩展性。

- 重写与覆盖方法：在子类中重写父类的方法时，要确保理解父类方法的用途和行为。避免无意地覆盖父类的重要方法，这可能导致代码出错或功能失效。
- 异常处理：在类的方法中，对于可能引发异常的代码块，应使用 try-except 语句进行异常处理。根据需要，也可以自定义异常来处理特定的错误情况。
- 测试与调试：应当为类和方法进行测试，以确保它们的正确性和可靠性。可以使用调试工具来处理代码中的错误。
- 使用文档说明：为类、方法和模块编写文档说明，以便其他人了解代码的功能和用法。

## 【巩固练习】

一、选择题

1. 在 Python 中一切皆（　　）。
   A. 类　　　　　　　B. 对象　　　　　　C. 属性　　　　　　D. 方法

2. Python 中定义类的关键字是（　　）。
   A. def　　　　　　B. class　　　　　　C. object　　　　　D. if

3. 在下列选项中，不属于面向对象编程基本特性的是（　　）。
   A. 可维护性　　　　B. 继承　　　　　　C. 多态　　　　　　D. 封装

4. Python 的静态方法用关键字（　　）进行修饰。
   A. classmethod　　B. publicmethod　　C. staticmethod　　D. privatemethod

5. Python 的类方法的第一个参数一般写成（　　）。
   A. self　　　　　　B. cls　　　　　　C. classmethod　　D. staticmethod

6. Python 中实例方法的第一个参数一般写成（　　）。
   A. this　　　　　　B. self　　　　　　C. argc　　　　　　D. * argv

7. 构造方法在（　　）被调用。
   A. 类定义时　　　　　　　　　　　B. 创建对象时
   C. 调用对象方法时　　　　　　　　D. 使用对象的变量时

8. 类的成员包括成员方法和（　　）。
   A. 成员变量　　　　B. 对象　　　　　　C. 类　　　　　　　D. 以上都不对

9. 关于 Python 类与对象，下列说法正确的是（　　）。
   A. 类是对象的模板，对象是类的实例
   B. 类是对象的实例，对象是类的模板
   C. 类和对象是相同的概念
   D. 类和对象是不同的概念，但没有实质的区别

10. 对于 Python 语言，若要在类中定义构造方法，则方法名必须是（　　）。
    A. init　　　　　　B. _init_　　　　　C. __init__　　　　D. _init

11. Python 中成员方法有（　　）。
    A. 构造方法　　　　B. 实例方法　　　　C. 静态方法　　　　D. 类方法

12. Python 中属性和方法的访问权限包括（　　　）。

    A. 私有权限　　　　　　B. 公有权限　　　　　　C. 受保护权限　　　　　　D. 文件权限

13. Python 中类的继承分为（　　　）。

    A. 单一继承　　　　　　B. 交叉继承　　　　　　C. 多重继承　　　　　　D. 复合继承

14. Python 中实例方法可以访问（　　　）。

    A. 类属性　　　　　　　B. 实例属性　　　　　　C. 类方法　　　　　　　D. 实例方法

15. 以下选项中（　　　）是对象。

    A. 猫　　　　　　　　　B. 狗　　　　　　　　　C. 一只猫　　　　　　　D. 一只狗

二、判断题

1. 面向对象程序设计的英文缩写是 OOP。　　　　　　　　　　　　　　　　　　　（　　　）

2. 定义类时将创建一个新的自定义类型。　　　　　　　　　　　　　　　　　　　（　　　）

3. 类属性是在类体中所有方法之外定义的成员变量。　　　　　　　　　　　　　　（　　　）

4. Python 中子类只能从单个父类中继承。　　　　　　　　　　　　　　　　　　　（　　　）

5. 成员变量也称为属性,按所属的对象可以分为类变量和实例变量。　　　　　　　（　　　）

三、简答题

1. 概述对象的含义。

2. 请写出 Python 中定义类的语法格式。

3. 如何理解类属性与对象属性的区别?

4. 如何理解多态?

5. 面向对象程序设计有哪些优势?

四、编程题

1. 在本项目任务虚拟宠物系统代码的基础上,添加一项"领养一只小兔子"的功能。

2. 在本项目任务虚拟宠物系统代码的基础上,添加一项"给宠物们喂水"的功能,不同的宠物喝水后应给出符合其自身生物学特性的回应。

3. 尝试将学生信息封装成一个 Student 类,信息包括姓名、学号、年龄,定义 display() 成员方法,用于显示这些信息,之后创建实例对象调用方法。

4. 定义一个代表四边形的类,类中应有 4 个属性表示边长,一个实例方法用于计算周长,之后创建实例对象调用方法计算周长。

5. 从键盘输入圆的半径,计算并输出该圆的面积,要求用类和对象来实现。

# 【任务拓展】

1. 请为公司编写一个员工信息管理系统,该系统具有录入、打印、查询、修改和删除员工信息、退出系统等功能,其中,员工信息包含工号、姓名、性别、生日等,员工的信息可以保存在列表中,要求用面向对象的方法实现。

2. 请编写一个儿童益智小应用——几何学小知识。该应用能根据儿童的选择以及输入的参数(不同的图形应有不同的参数),计算出三角形、矩形、梯形等常见几何图形的面积,然后向其介绍相应几何图形的其他知识点,要求用面向对象的方法实现。

# 项目 10

# 异 常 处 理

异常是在代码执行过程中非预期的执行结果,例如,出现语法错误、找不到文件路径等。随着代码越来越复杂,代码中的执行逻辑也会越来越复杂,如果没有处理好异常情况,很有可能造成软件执行意外中止,甚至导致重大损失;相反,如果合理地处理异常情况,则可以增强软件的稳定性,提高用户体验感。

本项目通过设计密码复杂度检查的任务,系统地学习程序异常的捕捉和异常处理方法。

## 【学习目标】

### 知识目标

1. 了解 Python 语言中异常的定义。

2. 了解 Python 常见的内置异常类。

3. 认识 Python 异常信息的含义。

4. 熟悉 Python 语言的异常处理语句。

5. 熟悉 Python 语言中主动抛出异常的方法。

6. 熟悉 Python 语言自定义异常类的语法。

### 能力目标

1. 能够编写语句引发特定异常。

2. 能够熟练分析异常消息并找出异常原因和异常位置。

3. 能够编写带有异常处理功能的程序。

4. 能够按条件主动抛出异常。

5. 能够按功能需求自定义异常。

## 【建议学时】

2 学时。

# 任务 1    密码复杂度检查

## 【任务提出】

很多应用程序在用户注册时,都设置了协助用户检查密码是否符合复杂度要求的功能,以加大密码的破解难度,提高用户账户的安全性,防止未经授权的访问,减少信息泄露的风险。

运用 PyCharm 开发工具编写 Python 程序,通过异常捕获语句实现检测密码复杂度是否符合要求。在用户注册模块中,对用户输入的密码进行复杂度检查,如果密码满足复杂度要求,则允许用户注册;否则视为发生异常情况,提示用户密码不符合复杂度要求,并要求用户重新设置密码。

## 【任务分析】

本任务主要实现的是密码复杂度的检查,根据密码复杂度的规则要求,对不符合要求的密码,主动抛出异常进行专门处理,具体任务实施分析如下所示。

- 创建 Python 程序文件 pwdcheck.py。
- 以一般性、常见性为标准,明确一个密码复杂度规则。
- 设计算法,检验密码字符串是否满足密码复杂度规则。
- 定义一个适当的异常类型,以便于在密码不满足复杂度规则时,抛出异常。
- 捕获异常并处理异常情况。
- 运行测试程序,确认异常情况是否被捕获。

## 【知识准备】

视频讲解

## 10.1　认识异常

### 10.1.1　异常概述

在 Python 中,异常是一种处理错误或意外情况的机制。当 Python 解释器遇到错误时,它会抛出一个异常。如果没有适当的异常处理代码,程序将会终止并显示一个错误信息。有各种各样的原因导致引发异常,例如程序语法错误、计算错误、命名错误等。另外也有根据程序功能设计而主动抛出的异常,例如,当用户注册账户信息时,输入的密码要满足复杂度要求,开发者可以通过自定义异常来报告密码格式错误,从而实现密码格式检测的功能。

在 Python 中定义了异常类,每当发生异常时,都会创建一个异常对象。如果这个异常对象没有被处理和捕捉,程序就会终止执行,并回溯(traceback)显示异常报告。

例 10.1  除 0 异常,示例代码如下所示。

```
#引起异常的代码
print(5/0)
```

从数学定义上来说,0 不能作为除数,Python 解释器在检测到这个错误的表达式后,会终止语句执行,并回溯异常信息。异常信息包括错误发生的具体位置、错误的类型以及错误的原因描述等,如图 10.1 所示。

```
Traceback (most recent call last):
  File "D:/MyProjects/example/test2.py", line 2, in <module>
    print(5/0)
ZeroDivisionError: division by zero
```

图 10.1  异常信息举例

图 10.1 中的错误消息说明如下所示。
- 异常代码位置:line 2,表示产生异常的代码位置是第 2 行。
- 异常类型:ZeroDivisionError(除零错)。
- 异常描述:division by zero(除数为零)。

### 10.1.2  常见异常类

除了 ZeroDivisionError 异常以外,还有一些常见的异常类。

1. SyntaxError 异常

例 10.2  当解释器发现语法错误时,会引发 SyntaxError 异常,示例代码如下所示。

```
#计算 1 至 100 的累加和
s=0
for i in range(1,101)          #遗漏冒号
    s+=i
print(s)
```

由于 for 循环语句漏写了冒号,因此引发语法错误,异常信息如图 10.2 所示。

```
  File "D:/MyProjects/example/test2.py", line 3
    for i in range(1,101)
                        ^
SyntaxError: invalid syntax
```

图 10.2  语法错误

2. NameError 异常

例 10.3  当尝试访问一个未声明的变量或未初始化的对象,会引发 NameError 异常,示例代码如下所示。

```
x=a+b          #变量 a 未定义
```

由于变量 a 并未定义,无法被解释器识别并参与表达式计算,异常信息如图 10.3 所示。注意,其实变量 b 也未定义,但解释器在发现 a 未定义时就已经中止了程序解释,因此错误

消息里并未体现变量 b 的异常。

```
Traceback (most recent call last):
  File "D:/MyProjects/example/test2.py", line 1, in <module>
    x=a+b
NameError: name 'a' is not defined
```

图 10.3  未声明/未初始化对象

**3. TypeError 异常**

例 10.4  当操作或函数接收了错误类型的参数时,将引发 TypeError 异常,示例代码如下所示。

```
x='hello'+1          #字符串不能直接与整数相加
print(x)
```

运算符"+"两侧的操作数可以都是整数或者字符串,但是一边是整数而另一边是字符串则无法计算,异常消息如图 10.4 所示。

```
Traceback (most recent call last):
  File "D:/MyProjects/PycharmProjects/example/test2.py", line 1, in <module>
    x='hello'+1
TypeError: can only concatenate str (not "int") to str
```

图 10.4  错误的数据类型

**4. KeyError 异常**

例 10.5  当使用映射中不存在的键时,会引发 KeyError 异常。示例代码如下所示。

```
dict1={'苹果':3,
       '香蕉':2.5,
       '橙子':4.7,
       '西瓜':5.5}
print(dict1['火龙果'])          #映射中不存在名为"火龙果"的键
```

映射中有四种水果作为 key 出现,但并不包括"火龙果",引用了不存在的 key,则异常消息如图 10.5 所示。

```
Traceback (most recent call last):
  File "D:/MyProjects/PycharmProjects/example/test2.py", line 5, in <module>
    print(dict1['火龙果'])
KeyError: '火龙果'
```

图 10.5  映射中没有这个键

**5. IndexError 异常**

例 10.6  当试图访问序列(如列表、元组、字符串等)中不存在的索引时,将引发 IndexError 异常,示例代码如下所示。

```
my_list =[1, 2, 3]
print(my_list[10])          #索引 10 超出了列表的范围
```

列表中只有三个元素,索引编号最大到 2,越界引用索引 10,则异常消息如图 10.6 所示。

```
Traceback (most recent call last):
  File "D:/MyProjects/PycharmProjects/example/test2.py", line 2, in <module>
    print(my_list[10])
IndexError: list index out of range
```

图 10.6  索引超出列表范围

**6. ValueError 异常**

例 10.7  当函数或操作接收了值,但该值在不适用的上下文中使用时,将引发 ValueError 异常,示例代码如下所示。

```
x=int("3.5")          #字符串 3.5 不能作为 int()函数的参数值转换为整数
print(x)
```

int()函数的功能是将一个数字或一个字符串表示的数字转换为整数,但参数字符串"3.5"不是一个有效整数,异常消息如图 10.7 所示。

```
Traceback (most recent call last):
  File "D:/MyProjects/PycharmProjects/example/test2.py", line 1, in <module>
    x= int("3.5")
ValueError: invalid literal for int() with base 10: '3.5'
```

图 10.7  不符合规则的值

由于篇幅关系,其他异常不再一一举例。在遇到程序异常报错时,需要仔细阅读异常信息,分析异常原因,对程序编写和调试会很有帮助。

常见的系统内置异常类及其描述,如表 10.1 中所示。

表 10.1  常见的系统内置异常类及其描述

| 异常类名称 | 异常描述 | 异常类名称 | 异常描述 |
| --- | --- | --- | --- |
| BaseException | 所有异常的基类 | NameError | 未声明/初始化对象(没有属性) |
| SystemExit | 解释器请求退出 | UnboundLocalError | 访问未初始化的本地变量 |
| KeyboardInterrupt | 用户中断执行 | ReferenceError | 引用错误 |
| GeneratorExit | 生成器发生异常通知退出 | RuntimeError | 一般的运行时错误 |
| Exception | 常规异常的基类 | NotImplementedError | 尚未实现的方法 |
| StopIteration | 迭代器没有更多的值 | SyntaxError | Python 语法错误 |
| StandardError | 所有内建标准异常基类 | IndentationError | 缩进错误 |
| ArithmeticError | 所有数值计算错误基类 | TabError | Tab 和空格混用 |
| FloatingPointError | 浮点计算错误 | SystemError | 一般的解释器系统错误 |
| OverflowError | 数值运算超出最大限制 | TypeError | 对类型无效的操作 |
| ZeroDivisionError | 除(或取模)零 | ValueError | 传入无效的参数 |
| AssertionError | 断言语句失败 | UnicodeError | Unicode 相关的错误 |

续表

| 异常类名称 | 异常描述 | 异常类名称 | 异常描述 |
| --- | --- | --- | --- |
| AttributeError | 对象没有这个属性 | UnicodeDecodeError | Unicode 解码时的错误 |
| EOFError | EOF 标记错误 | UnicodeEncodeError | Unicode 编码时错误 |
| EnvironmentError | 操作系统错误的基类 | UnicodeTranslateError | Unicode 转换时错误 |
| IOError | 输入/输出操作失败 | Warning | 警告的基类 |
| OSError | 操作系统错误 | DepreciationWarning | 关于被弃用的特征的警告 |
| OverflowWarning | 溢出警告 | FutureWarning | 将来语义会有改变的警告 |
| ImportError | 导入模块/对象失败 | WindowsError | 系统调用失败 |
| LookupError | 无效数据查询的基类 | PendingDeprecationWarning | 关于特性将会被废弃的警告 |
| IndexError | 序列中没有此索引(index) | RuntimeWarning | 可疑的运行时行为警告 |
| KeyError | 映射中没有这个键 | SyntaxWarning | 可疑的语法警告 |
| MemoryError | 内存溢出错误 | UserWarning | 用户代码生成的警告 |

### 10.1.3  异常类继承关系

Python 定义了一个名为 BaseException 的基类,用于概括所有的异常种类,其子类包括 SystemExit、KeyboardInterrupt、GeneratorExit 和 Exception。其中前三个是系统级异常,其他异常(如 Python 内置常见异常、用户自定义异常)都从 Exception 或其子类派生。异常类的继承关系树如图 10.8 所示。

## 10.2  处理异常

在编程过程中,异常的处理非常重要,主要有以下 4 个原因。

第一,提高健壮性。在程序中,可能会出现各种无法预期的错误,例如运行时错误、数据验证错误等。通过异常处理,开发者可以捕获这些错误,并采取适当的措施,如给出错误提示、记录日志或执行回滚等,从而提高程序的健壮性。

第二,提供更好的用户体验。如果程序在遇到错误时不进行适当的处理,而是直接崩溃或给出难以理解的错误信息,这会给用户带来不好的体验。通过异常处理,可以给出用户友好的错误提示,从而提高用户体验。

第三,优化性能。在某些情况下,程序中的错误可能会导致内存泄漏等性能问题,严重拖慢系统运行效率,甚至导致系统崩溃。及时捕获并处理这些错误,就可以避免性能问题的堆积。

第四,提高代码可维护性。使用专门的异常处理语句,可以将错误处理逻辑与正常的程序逻辑分离,从而使代码更加清晰,容易维护。

### 10.2.1  try-except 语句

在 Python 中,异常处理可以通过 try-except 语句来实现,语法格式如下所示。

```
try:
    语句块 0               #可能引发异常的操作
except[异常类型]:
    语句块 1               #发生异常时执行的处理动作
```

语法格式说明如下所示。

try 后面的语句块包含了可能会抛出异常的代码。当这些代码执行时，如果发生了异常，程序的控制流将立即跳转到 except 后面的语句块中，执行异常处理代码，其执行流程如图 10.9 所示。

```
BaseException
 +-- SystemExit
 +-- KeyboardInterrupt
 +-- GeneratorExit
 +-- Exception
      +-- StopIteration
      +-- StandardError
      |    +-- BufferError
      |    +-- ArithmeticError
      |    |    +-- FloatingPointError
      |    |    +-- OverflowError
      |    |    +-- ZeroDivisionError
      |    +-- AssertionError
      |    +-- AttributeError
      |    +-- EnvironmentError
      |    |    +-- IOError
      |    |    +-- OSError
      |    |         +-- WindowsError (Windows)
      |    |         +-- VMSError (VMS)
      |    +-- EOFError
      |    +-- ImportError
      |    +-- LookupError
      |    |    +-- IndexError
      |    |    +-- KeyError
      |    +-- MemoryError
      |    +-- NameError
      |    |    +-- UnboundLocalError
      |    +-- ReferenceError
      |    +-- RuntimeError
      |    |    +-- NotImplementedError
      |    +-- SyntaxError
      |    |    +-- IndentationError
      |    |         +-- TabError
      |    +-- SystemError
      |    +-- TypeError
      |    +-- ValueError
      |         +-- UnicodeError
      |              +-- UnicodeDecodeError
      |              +-- UnicodeEncodeError
      |              +-- UnicodeTranslateError
      +-- Warning
           +-- DeprecationWarning
           +-- PendingDeprecationWarning
           +-- RuntimeWarning
           +-- SyntaxWarning
           +-- UserWarning
           +-- FutureWarning
           +-- ImportWarning
           +-- UnicodeWarning
           +-- BytesWarning
```

图 10.8　异常类继承关系树

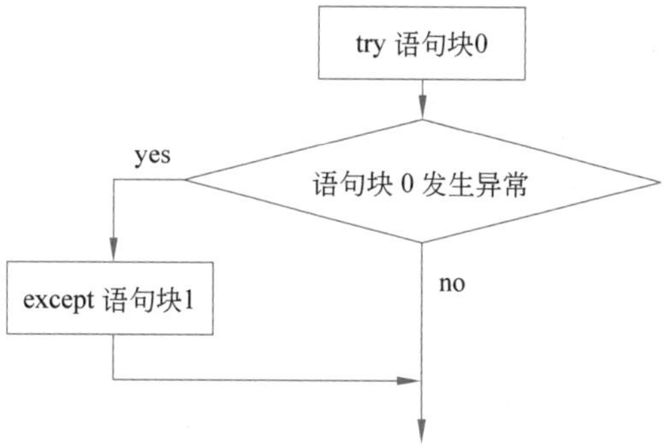

图 10.9　try-except 语句执行流程

例 10.8　计算两个整数相除并处理除数为零的异常，示例代码如下所示。

```
try:
    a=int(input())
    b=int(input())
    print(a/b)
except ZeroDivisionError:          #捕获并处理除零错异常
    print('无法计算')
```

try 语句块尝试从键盘输入 a、b 两个整数，并输出 a 除以 b 的结果。由于估计到除法运

算可能产生除数为 0 的异常,因此使用 except 语句针对 ZeroDivisionError 给出了异常处理动作,即输出"无法计算"的信息。

执行上述代码,有三种可能性出现,如图 10.10 所示。

(a) 无异常　　　　　　(b) 除零异常处理　　　　　　(c) 其他异常未处理,程序报错终止

图 10.10　try-except 特定异常处理执行结果

- 当输入了正常的数据,例如 6 和 3 时,无异常,顺利输出计算结果为 2.0 并输出。
- 当输入的第二个数字为 0 时,例如 5 和 0,由于引发了除零错异常,因此转而执行了先前约定的除零错异常处理语句,程序不会报告异常,而是输出"无法计算"。
- 当错误地输入了无法转换为整数的数据时,如"x",由于没有定义其他异常的处理操作,程序会运行,并抛出了 ValueError 异常,即整型转换函数 int() 的参数无效。

如果不指明 except 所处理的异常类型,对任何类型的异常都不做区分,使用同样的处理方法。

例 10.9　计算两整数相除并处理任意异常,示例代码如下所示。

```
try:
    a=int(input())
    b=int(input())
    print(a/b)
except:                    #不区分异常类型
    print('无法计算')
```

本例中,程序出现任何异常,都会输出"无法计算",程序不会终止执行,执行结果如图 10.11 所示。

(a) 无异常　　　　　　(b) 除零异常处理　　　　　(c) 参数无效异常处理

图 10.11　try-except 非特定异常处理执行结果

也可以采用多分支的 except 语句,针对不同的异常类型,分别定义不同的异常处理动作,只需写明异常类型名即可,语法如下所示。

```
try:
    语句块 0            #可能引发异常的操作
except 异常类型 1:
    语句块 1            #发生异常 1 时执行的处理动作
```

```
except 异常类型 2:
    语句块 2                      #发生异常 2 时执行的处理动作
...
except:
    语句块 n                      #其他未定义的异常处理动作
```

执行流程如图 10.12 所示。

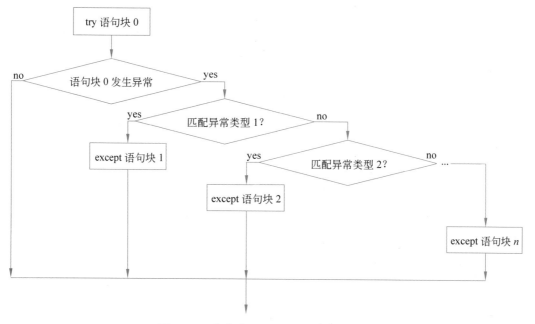

图 10.12　多分支 try-except 异常处理流程

例 10.10　计算两个整数相除,并分类处理不同的异常情况,示例代码如下所示。

```
try:
    a=int(input())
    b=int(input())
    print(a/b)
except ZeroDivisionError:           #捕获并处理除零错异常
    print('除数为零')
except ValueError:                  #捕获并处理参数无效异常
    print('输入数值错误')
except:                             #捕获并处理其他异常
    print('其他错误')
```

执行程序,如遇除零错误则显示"除数为零"的消息,如果参数无效则显示"输入数值错误"的消息,如果还有其他无法一一预测的异常,则从未定义异常类型的 except 语句块输出"其他错误"消息,如图 10.13 所示。

## 10.2.2　else 语句和 finally 语句

在 Python 的异常处理中,如果有语句依赖于 try 语句的成功执行才能继续执行,那么

| (a) 无异常 | (b) 除零异常处理 | (c) 参数无效异常处理 | (d) 其他异常处理 |

图 10.13　多分支 try-except 异常处理执行结果

可以放在 else 代码块中执行。

无论出现异常处理还是正常执行都要执行的语句,可以放在 finally 代码块中执行,通常是一些收尾的工作,如释放对象等,其语法格式如下所示。

```
try:
    语句块 0            #可能引发异常的操作
except:
    语句块 1            #发生异常时执行的操作
else:
    语句块 2            #依赖 try 语句块执行的操作
finally:
    语句块 3            #收尾操作
```

完整的异常处理语句逻辑是,首先,执行 try 语句块;如果发生异常则转到 except 语句块处理异常,如果没有发生异常则执行 else 语句块的语句。也就是说,except 语句块和 else 语句块只会执行其中一个。最后,由 finally 语句块完成收尾清理工作。执行流程如图 10.14 所示。

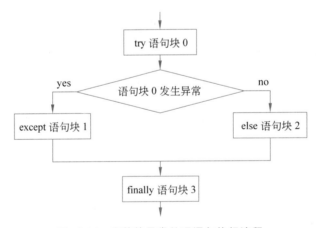

图 10.14　完整的异常处理语句执行流程

try、except、else、finally 四部分,前两者 try、except 是必不可少的,后两者 else、finally 可以根据程序功能选择使用。

例 10.11　计算两整数相除,处理异常情况,并处理程序执行后的收尾工作,实例代码如下所示。

```
try:
    a=int(input())
    b=int(input())
```

```
        c=a/b
except:
    print('无法计算')
else:
    print(c)
finally:
    print('谢谢使用')
```

输入整数 a 和 b，两数相除的商赋值给 c。如果发生了异常，则输出“无法计算”；没有异常，则输出计算结果 c，最后统一输出结束语“谢谢使用”。输入测试数据，执行结果如图 10.15 所示。

```
5
0
无法计算
谢谢使用
```
(a) 有异常处理的执行结果

```
6
3
2.0
谢谢使用
```
(b) 无异常处理的执行结果

图 10.15   完整的异常处理语句执行结果

## 10.3   异常的抛出和自定义异常类

视频讲解

除了被动处理程序意外触发的异常，有时候也需要程序设计者人为控制程序的处理流程，在程序中的特定情况下主动抛出异常。

程序设计中常常有着层次化、模块化的开发逻辑，当底层程序捕捉到了异常，但又不想在当前层次做异常处理，此时可以主动抛出异常，让其上层调用者进行处理。特别是如果某个异常或错误的参数可能导致后续更多的异常，应该立即抛出异常，避免引发后续错误的操作。例如，如果一个文件名参数无效，可能会导致在尝试保存文件时发生异常。在这种情况下，应该在保存文件之前立即抛出异常。

除了系统内置的异常外，如果程序遇到一个满足语法要求但不满足业务规则的情况，可以根据业务需要抛出自定义的异常来告知调用者。例如，如果一个日期参数不符合预期的格式，或者一个金额参数超出了有效的范围，可以抛出异常来表明这种情况是无效的。

### 10.3.1   raise 主动抛出异常

raise 语句用于显式地抛出一个异常，语法格式如下所示。

```
raise[异常类型名('异常描述信息')]
```

例 10.12   抛出一个异常，示例代码如下所示。

```
raise NameError('名称未定义')
```

该语句实现的功能是，直接抛出一个错误消息为“名称未定义”的 NameError 异常，执行结果如图 10.16 所示。

```
Traceback (most recent call last):
  File "D:/MyProjects/example/test2.py", line 1, in <module>
    raise NameError('名称未定义')
NameError: 名称未定义
```

图 10.16    主动抛出 NameError 异常

不带异常类型参数的 raise 语句会直接引发最近一次发生的异常。

例 10.13    抛出最近一次发生的异常,示例代码如下所示。

```
try:
    print(a)                    #变量 a 未定义
except:
    raise
```

上述代码中,尝试输出变量 a,如果有异常,则直接抛出该异常。虽然 raise 语句并没有携带异常类型参数来说明要抛出什么异常,但是通过观察可以发现,变量 a 并没有定义,所以执行程序可以看到抛出了 NameError 的异常,结果如图 10.17 所示。

```
Traceback (most recent call last):
  File "D:/MyProjects/example/test2.py", line 2, in <module>
    print(a)
NameError: name 'a' is not defined
```

图 10.17    抛出最近一次发生的异常

有些异常之间是有连锁反应的,由一个底层的异常导致了另一个上层的异常。那么,可以使用 raise-from 语句,基于一个异常抛出另一个异常,语法格式如下所示。

raise 异常类型 2 或别名 2 from 异常类型 1 或别名 1

该语句表示由异常类型 1 引发了异常类型 2。使用 raise-from 的好处在于,它不仅可以引发一个新的异常,而且还保留了关于原始异常的信息。这使得开发者在异常处理过程中,能够更容易地追踪和理解异常发生的原因和路径,从而更有效地进行调试和异常处理。

例 10.14    异常的连锁抛出,示例代码如下所示。

```
try:
    print(a)                    #变量 a 未定义
except Exception as e:
    raise RuntimeError('运行时出错') from e
```

上述代码尝试输出变量 a,但通过观察可知,变量 a 并未定义,因此会产生 NameError 异常。如果产生异常,那么异常处理的方式就是在 NameError 异常的基础上抛出更高一级的异常 RuntimeError,并给出异常描述"运行时出错"。执行后可以看到,两级异常被分别抛出,如图 10.18 所示。

```
Traceback (most recent call last):
  File "D:/MyProjects/example/test2.py", line 2, in <module>
    print(a)
NameError: name 'a' is not defined

The above exception was the direct cause of the following exception:

Traceback (most recent call last):
  File "D:/MyProjects/example/test2.py", line 4, in <module>
    raise RuntimeError('运行时出错') from e
RuntimeError: 运行时出错
```

图 10.18　从一个异常中抛出另一个异常

### 10.3.2　assert 声明断言

在 Python 中,assert 是一个内置的关键字,用于进行断言(assertion)。断言是一种调试手段,用于在代码中设置一个检查点,捕捉那些在程序正常运行时应当总是为 True,但出现意外后无法成立的条件。声明断言的语法格式如下所示。

```
assert 逻辑表达式,'描述信息'
```

当逻辑表达式为 True 时,不做任何操作;当逻辑表达式为 False 时,则抛出 AssertionError 异常,并显示异常的描述信息。

例 10.15　断言年龄不可为负数,示例代码如下所示。

```
age=int(input('请输入年龄: '))
assert age>=0,'年龄不可为负数'
```

上述代码中,变量 age 为输入的整型数据,声明一个断言,假定年龄一定大于或等于 0,如果断言失败,就抛出一个异常消息"年龄不可为负数"。输入数据-1 来测试该段代码,就会触发 AssertionError 异常,执行结果如图 10.19 所示。

```
请输入年龄: -1
Traceback (most recent call last):
  File "D:/MyProjects/example/test2.py", line 2, in <module>
    assert age>=0,'年龄不可为负数'
AssertionError: 年龄不可为负数
```

图 10.19　触发异常

在开发过程中,assert 语句非常有用,因为它们可以作为一种防御性手段,帮助开发者捕获在正常情况下不应该发生的意外条件。在开发完成后,如果代码已经经过充分测试并且确定没有问题,可以考虑在程序发布的版本中去除或禁用调试阶段的 assert 语句。Python 提供了-O 选项来优化代码,允许 Python 解释器忽略掉所有的 assert 语句,即使用以下命令运行 Python 脚本 your_script.py。

```
Python -O your_script.py
```

### 10.3.3　自定义异常类

虽然 Python 已经内置了几十种不同的异常类,但仍然无法涵盖所有异常,用户可以根据业务逻辑自定义新的异常类。用户自定义异常类可以直接继承 Exception 类,也可以间接继承。

自定义异常类通常在命名时遵循内置异常类的命名习惯,以 Error 结尾。根据需要,可以重写构造方法__init__增加对象属性,也可以重写__str__方法添加对象的描述信息等。

**例 10.16**　定义 AgeError 异常,示例代码如下所示。

```
class AgeError(Exception):
    def __init__(self,age):
        self.age=age
    def __str__(self):
        return '{}不在合理的年龄范围'.format(self.age)
raise AgeError(-1)            #测试年龄为-1抛出 AgeError 异常
```

上述代码定义了一个名为 AgeError 的异常,用于判定年龄为非负数。如果年龄为负数,则抛出 AgeError 的异常。该异常类继承自基类 Exception,重写构造方法__init__,增加了一个 age 属性用于传递年龄数据,并重写__str__方法以便返回一个格式化的异常消息,执行结果如图 10.20 所示。

```
Traceback (most recent call last):
  File "D:/MyProjects/example/test2.py", line 7, in <module>
    raise AgeError(-1)
__main__.AgeError: -1不在合理的年龄范围
```

图 10.20　抛出自定义异常

## 【任务实现】

视频讲解

**1. 分析代码**

密码复杂度检查规则是:密码长度不少于 8 位,不超过 20 位;字符的种类必须包括数字、大写字母、小写字母、特殊符号四种字符中的三种。密码复杂度检查过程如下所示。

(1) 自定义密码格式错误异常 PwdError。

(2) 定义符合密码复杂度要求的密码字符集。

(3) 使用 input()输入测试密码。

(4) 使用 try-except 语句检验密码是否符合密码规则要求。如果符合要求,则提示"密码强度高";如果不符合要求,则抛出自定义异常 PwdError,并处理该异常提示消息"密码格式错误"。

**2. 编写代码**

（1）启动 PyCharm，选择菜单 File→New Project，指定项目位置为 D:\Chapter10。

（2）右键单击项目文件夹 Chapter10，在弹出的快捷菜单中选择 New→Python File，在弹出的新建 Python 文件对话框中输入文件名 pswcheck，类别为 Python file。

（3）在 pswcheck.py 文件的代码编辑窗口，输入如下代码。

```
class PwdError(Exception):
    def __init__(self,msg='密码格式错误'):
        self.msg=msg
    def __str__(self):
        return self.msg
```

自定义密码格式错误异常，为异常起名为 PwdError，继承自基类 Exception。重写构造方法，增加一个属性消息 msg，并设置默认值"密码格式错误"。重写字符串方法，返回 msg 消息。

（4）自定义异常类。

（5）定义密码字符集：大写字母、小写字母、特殊符号、数字。

```
upper_case='ABCDEFGHIJKLMNOPQRSTUVWXYZ'
lower_case='abcdefghijklmnopqrstuvwxyz'
special_char='!@#$%^&*()_+-=~`'
num='1234567890'
```

定义密码字符集，分别设置了大写字母序列 upper_case，小写字母序列 lower_case，特殊字符序列 special_char，以及数字序列 num。这几个序列共同组成了密码字符集。

（6）输入密码，分别统计密码串中各类字符的数量。

```
pwd=input('输入密码: ')
u=l=s=n=x=0                    #初始化字符计数器
for c in pwd:
    if c in upper_case:        #统计大写字母
        u+=1
    elif c in lower_case:      #统计小写字母
        l+=1
    elif c in special_char:    #统计特殊字符
        s+=1
    elif c in num:             #统计数字
        n+=1
    else:
        x+=1                   #统计不属于密码字符集的其他字符
```

通过遍历该字符串，逐一匹配每一个字符是属于哪一个类型序列，并分别计数。这样，就可以通过计数器轻易分辨密码字符种类是否符合要求。

（7）尝试判断密码复杂度是否满足要求，如果是，输出"密码强度高"；如果不是，则抛出 PwdError 异常。异常的处理方式是输出该异常的文本。

```
try:
    if ((u>0)+(l>0)+(s>0)+(n>0))>=3 and x==0 and 8<=len(pwd)<=20:
        print('密码强度高')
    else:
        raise PwdError
except PwdError as p:
    print(p)
```

if的判断逻辑是三部分必须同时满足的逻辑"与"关系。第一部分是判断字符类型是否满足三种,中间是判断密码字符串中是否有非法字符,最后一部分是测试密码长度大于或等于8且小于或等于20。逻辑表达式为True,则密码满足复杂度要求。

**3. 程序测试**

运行程序,分别测试输入一个简单密码和一个复杂密码,并查看执行结果,如图10.21所示。

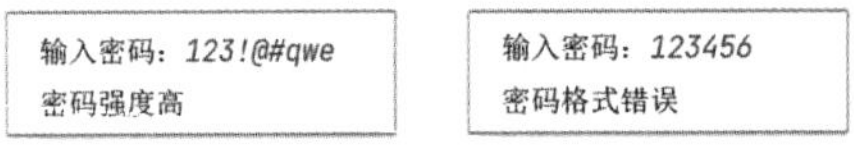

输入密码: 123!@#qwe 密码强度高 复杂密码测试结果

输入密码: 123456 密码格式错误 简单密码测试结果

图10.21 密码复杂度测试执行结果

## 【任务总结】

通过本任务的学习,读者可以掌握Python语言中有关异常的概念、常见的异常类以及异常的处理方法。在使用Python的异常处理机制时,需要注意以下几点。

- 不要过度使用异常处理:异常处理应该用于处理异常情况,而不是用于控制程序流程。过度使用异常处理会导致代码结构混乱,难以理解和维护。
- 具体捕获异常类型:当使用except块时,尽量捕获具体的异常类型,以便提供更清晰的错误信息和更好的错误处理策略。
- 避免空except块:空except块(即没有指定异常类型的except:)会捕获所有异常,这可能导致难以调试的问题。如果确实需要捕获所有异常,至少应该记录异常信息,以便后续分析。
- 使用finally块进行清理:如果代码中有需要无论是否发生异常都需要执行的清理操作(如关闭文件、释放资源等),应该使用finally块。finally块中的代码总是会执行,无论是否发生异常。
- 不要忽视异常:捕获异常后,应该进行适当的处理,而不是简单地忽略它。忽略异常可能导致程序在后续执行中出现更严重的问题。
- 避免在异常处理中引发新的异常:如果在异常处理代码中引发新的异常,且没有适当地处理它,可能会导致程序崩溃。在异常处理代码中引发新异常时,应该确保有相应的except块来捕获并处理它。
- 记录异常信息:对于重要的异常,应该记录相关信息,如异常类型、错误消息、堆栈跟踪等。这有助于后续的问题定位和调试。
- 合理运用断言:在开发过程中,可以使用assert来验证函数或方法的输入参数是否有效。在程序调试阶段,合理运用assert断言可以有条件地抛出异常,用来检查程序的内部状态是否符合预期,以确保程序逻辑的正确性。在测试阶段,可以使用assert来验证程序的输出是否符合预期结果。

# 【巩固练习】

## 一、选择题

1. 在 Python 中, try 语句块后面必须跟着(　　)。
   A. catch 语句块　　　B. except 语句块　　　C. finally 语句块　　　D. else 语句块

2. 关键字(　　)用于在 Python 中捕获异常。
   A. try　　　　　　　B. except　　　　　　C. else　　　　　　　D. finally

3. 在 Python 中, else 语句块在 try/except 异常处理中起的作用是(　　)。
   A. 当没有异常被捕获时执行　　　　　B. 当有异常被捕获时执行
   C. 总是执行,无论是否有异常　　　　D. 永远不会被执行

4. finally 块在 Python 中的主要用途是(　　)。
   A. 执行清理操作　　B. 捕获异常　　　C. 跳过异常　　　　D. 延迟执行

5. 以下选项中关于 raise 语句的正确用法是(　　)。
   A. raise "This is an error"　　　　　　B. raise Exception("This is an error")
   C. raise Error("This is an error")　　　D. raise ("This is an error")

6. 在 Python 中, try-except 块可以捕获(　　)。
   A. 语法错误　　　　　　　　　　　B. 运行时错误
   C. 逻辑错误　　　　　　　　　　　D. 所有类型的错误

7. 在 Python 中, try 块中发生异常时,程序会(　　)。
   A. 继续执行 try 块中的剩余代码
   B. 跳过 try 块中的剩余代码,并执行相应的 except 块
   C. 终止程序
   D. 忽略异常并继续执行

## 二、判断题

1. Python 的异常处理机制允许程序员在异常发生时执行特定的清理代码,确保资源的正确释放。(　　)

2. finally 块中的代码在 try 块中的代码执行完毕后总是会被执行,无论是否有异常发生。(　　)

3. try 块中的代码在执行过程中遇到异常时,会立即跳到相应的 except 块进行处理。(　　)

4. 在 Python 中, except 块可以捕获多个异常类型,通过在一个 except 块中列出多个异常类名,用逗号分隔。(　　)

5. 在 Python 中, try-except 块不能嵌套使用。(　　)

## 三、编程题

1. 编写一个函数,该函数接收两个数字作为参数。如果两个数字都是整数,则返回数字之和,如果其中一个是字符串,则引发一个 TypeError 异常。

2. 编写一个函数,该函数接收一个字典作为参数,并尝试从字典中获取两个特定的键的值。如果任何一个键不存在,则引发一个 KeyError 异常;如果两个键都存在,则返回它

们的值。

3. 请尝试读取一个文件,并处理文件无法找到(FileNotFoundError)的异常,并输出一条错误消息。无论文件是否成功打开,都要做收尾清理,确保文件最终被关闭。

4. 请自定义一个 FileTypeError 的异常类,当输入的文件扩展名不是".txt"时,抛出该异常。

## 【任务拓展】

1. 尝试建立一个弱密码库,避免用户使用常见的、易被猜到的密码(如"123456"、"password"等),并给出相应的异常处理。

2. 对用户设置的密码进行复杂度分级判断,并给出"弱、较弱、强、较强"评价。

3. 编写一个函数,尝试从一个列表中读取出两个元素并输出。如果列表长度小于2,则引发一个 IndexError 异常,并附带一条有关如何解决问题的建议。

4. 编写一个函数,接收一个字符串和一个数字作为参数,如果字符串长度小于5,则引发一个 ValueError 异常,异常消息为"字符串长度小于5";如果数字是负数,则引发一个 ValueError 异常,异常消息为"数字是负数"。

5. 定义一个自定义异常类 FileNotFoundErrorWithPath,该异常类继承自 FileNotFoundError,并添加一个额外的属性 path,用于存储找不到的文件的路径。编写一个函数,尝试打开一个文件,并在文件不存在时引发 FileNotFoundErrorWithPath 异常,输出文件路径和"文件不存在"消息。如果没有异常,则输出"文件打开成功"消息。无论文件打开成功与否,都对文件做关闭处理。

# 项目 11

# 模 块 应 用

在 Python 中,模块是一种组织代码的方式,它通常是将相关代码存放在一个扩展名为 .py 的 Python 源文件中,包含定义函数、类和变量,使得代码更易于理解、复用和维护。模块定义好之后,可以在其他代码中通过 import 语句导入该模块,并引用其中定义的函数、类或者变量。

Python 的标准库中包含大量的内置模块,如 os、sys、math 等。Python 也允许开发者根据需要自定义模块,自定义模块可以根据需求进行封装,实现模块化的代码组织和管理。另外,Python 还拥有丰富的第三方模块可供使用,涵盖了数据分析、机器学习、Web 开发、自动化测试、网络编程、图像处理等众多领域,这些模块为 Python 开发者提供了丰富的功能扩展。

本项目中,将通过简单网络爬虫这个任务的实现,系统地学习模块的概念、模块的创建、模块的调用等内容。通过任务的实践,读者将全面掌握模块在 Python 程序开发过程中的应用。

## 【学习目标】

### 知识目标

1. 理解模块、包的概念。
2. 了解模块的分类。
3. 理解模块的作用。
4. 熟悉自定义模块的方法。
5. 了解常见的第三方模块。

### 能力目标

1. 能够掌握模块的调用。
2. 能够完成模块的制作。
3. 能够使用 Python 包来组织模块。
4. 能够熟练掌握模块的发布和安装。
5. 能够导入并调用第三方模块。

## 【建议学时】

2 学时。

# 任务1 简单网络爬虫

## 【任务提出】

运用 PyCharm 开发工具编写 Python 程序,对网页内容进行爬取,并分析出其中的关键词。以新闻《国务院办公厅关于进一步做好高校毕业生等青年就业创业工作的通知》为例,如图 11.1 所示,爬取该文的内容,分析出关键词出现的频率,如图 11.2 所示。

### 国务院办公厅关于进一步做好
### 高校毕业生等青年就业创业工作的通知
国办发〔2022〕13号

各省、自治区、直辖市人民政府,国务院各部委、各直属机构:

高校毕业生等青年就业关系民生福祉、经济发展和国家未来。为贯彻落实党中央、国务院决策部署,做好当前和今后一段时期高校毕业生等青年就业创业工作,经国务院同意,现就有关事项通知如下。

**一、多渠道开发就业岗位**

（一）扩大企业就业规模。坚持在推动高质量发展中强化就业优先导向,加快建设现代化经济体系,推进制造业转型升级,壮大战略性新兴产业,大力发展现代服务业,提供更多适合高校毕业生的就业岗位。支持中小微企业更多吸纳高校毕业生就业,按规定给予社会保险补贴、创业担保贷款及贴息、税费减免等扶持政策,对吸纳高校毕业生就业达到一定数量且符合相关条件的中小微企业,在安排纾困资金、提供技术改造贷款贴息时予以倾斜;对招用毕业年度高校毕业生并签订1年以上劳动合同的中小微企业,给予一次性吸纳就业补贴,政策实施期限截至2022年12月31日;建立中小微企业专业技术人员职称评定绿色通道和申报兜

| 服务 | 29 |
| 职责 | 21 |
| 人力资源 | 20 |
| 分工负责 | 20 |
| 创业 | 17 |
| 社会保障部 | 17 |
| 教育部 | 15 |
| 招聘 | 14 |
| 青年 | 13 |
| 岗位 | 13 |

图 11.1 新闻页 　　图 11.2 分析结果

## 【任务分析】

本任务主要实现的是网页内容的爬取及关键词分析,可以借助第三方模块 requests、jieba 等来获取页面内容、提取关键字。具体的任务实施分析如下所示。

1. 下载并安装第三方包 requests、jieba、lxml、bs4(即 beautifulsoup4)。
2. 创建 Python 程序 webcrawler.py。
3. 导入 requests、jieba、bs4。
4. 获取目标 URL 的 HTML 文档。
5. 提取出全部页面内容存入 TXT 文件中。
6. 用精确模式对页面内容进行分词处理。
7. 统计每个分词出现的个数。
8. 按分词个数进行降序排序,输出前 10 个分词作为关键字。

9. 运行测试程序,查看输出的关键字及其个数。

## 【知识准备】

视频讲解

## 11.1 模块简介

### 11.1.1 模块的概念

简单来说,一个.py 文件就是一个模块。模块名同样也是一个标识符,需要符合标识符的命名规范。在模块中定义的全局变量、函数、类都可提供给其他代码调用。通过使用模块,可以将代码分离成逻辑单元,促进模块化编程。

### 11.1.2 模块的分类

Python 中的模块共分为三类,分别是系统内置模块、第三方模块以及用户自定义模块。

- 系统内置模块是 Python 解释器自带的,安装 Python 后就可以直接使用。例如,os 模块用于与操作系统交互;sys 模块提供了对 Python 解释器的一些变量和函数的访问;time 和 datetime 模块用于处理日期和时间;random 模块用于生成随机数等。这些模块提供了 Python 语言的基本功能和工具。

- 第三方模块不是 Python 自带的,而是由第三方开发者编写的,需要单独安装到 Python 环境中才能使用。例如,requests 模块是一个非常流行的 HTTP 库,用于发送 HTTP 请求;pandas 模块是数据分析和处理的库,提供了丰富的数据结构和数据分析功能;numpy 模块是最常用的数值计算和科学计算库之一;matplotlib 库是一个用于绘制各种静态、动态、交互式的可视化图形的库,提供了创建各种图表的功能,如折线图、柱状图、散点图等。第三方模块通常针对特定的应用或领域提供强大的功能拓展。

- 用户自定义模块是由开发者自己编写的模块,用于实现特定的功能或逻辑。开发者可以将自己的代码组织成模块,然后在其他项目或脚本中导入使用。自定义模块是实现代码复用和模块化编程的重要手段。

## 11.2 模块导入

### 11.2.1 导入模块

在 Python 中,导入模块是重用代码的一种重要方式,Python 提供了几种不同的方式来导入模块。

**1. 导入整个模块**

import 关键字是导入模块最基本的方式,它可以将整个模块导入进来,导入后可以通过模块名来访问其中的函数、类和变量,语法格式如下所示。

```
import 模块1[, 模块2[,... 模块3]]
```

import 语句支持一次导入多个模块,每个模块中间用逗号分隔。导入之后可以通过符号"."来调用模块中的函数、类、变量,语法格式如下所示。

> 模块名.函数名()/类名

例 11.1    使用 import 语句导入模块,示例代码如下所示。

```
import time                 #导入模块 time
import random,math          #导入模块 random、math
time.sleep(1)               #调用 time 模块中的 sleep()函数
random.randint(1, 100)      #调用 random 模块中的 randint()函数
math.sqrt(2)                #调用 math 模块中的 sqrt()函数
```

**2. 从模块中导入特定成员**

可以使用 from…import 语句从模块中导入特定成员,即可以导入模块中特定的函数、类或变量,而不是整个模块,语法格式如下所示。

> from 模块名 import 函数/类/变量

from…import 语句也支持一次导入多个成员,多个成员之间用逗号隔开。使用 from…import 语句导入模块中的成员后,就可以直接使用成员名调用,不需要在前面加上模块名。

例 11.2    使用 from…import 语句导入特定成员,示例代码如下所示。

```
from math import sqrt       #导入 math 模块中的 sqrt()函数
#直接使用函数,无须模块名前缀
print(sqrt(16))             #输出:4.0
```

**3. 导入模块中的所有成员**

使用 from…import * 语句,可以导入该模块的所有成员。但是,通常不推荐使用这种方法进行导入,因为它可能导致命名冲突,使代码难以理解和维护。

例 11.3    导入模块所有成员。

```
from math import *
print(sqrt(9))              #输出:3.0
```

**4. 使用 as 关键字为模块或成员指定别名**

当模块名或成员名与现有名称冲突,或者名称太长不便使用时,可以使用 as 关键字为它们指定别名。

例 11.4    使用 as 关键字指定别名,示例代码如下所示。

```
import math as m
#使用别名访问模块中的函数
print(m.sqrt(9))            #输出:3.0
#为导入的函数指定别名
```

```
from math import sqrt as sq
print(sq (9))                        #输出：3.0
```

**5. 导入自定义模块**

如果创建了自定义模块(.py 文件)，并且该模块位于当前工作目录或 Python 的搜索路径中，则可以像导入标准模块一样导入该模块。

```
#假设在当前工作目录下存在自定义模块 mymodule.py
import mymodule
mymodule.fun()                        #调用模块中的函数
```

## 11.2.2  设置搜索路径

在 python 中使用 import 语句导入模块时，会从当前工作目录或者搜索路径中查找模块，搜索路径由 sys.path 列表控制，可以通过设置这个列表来添加或删除搜索路径。设置 Python 模块的搜索路径主要有以下 3 种方法。

**1. 在代码中动态修改**

可以在 Python 代码中直接动态修改列表 sys.path 的值，如调用 sys.path.insert()或 sys.path.append()方法，将指定的目录添加到搜索路径中，示例代码如下所示。

```
import sys
sys.path.append('/path/directory')
```

如果需要在列表的开头添加路径(这样 Python 会首先在那个目录中查找模块)，可以使用 insert 方法，示例代码如下所示。

```
import sys
sys.path.insert(0,'/path/directory')
```

**2. 使用环境变量设置**

可以通过使用 PYTHONPATH 环境变量来设置搜索路径，在不同的目录之间用逗号分隔。在 Windows 系统中，设置命令如下所示。

```
set PYTHONPATH=D:\path\directory;%PYTHONPATH%
```

**3. 使用.pth 文件设置**

可以在 Python 安装路径下的 Lib\site-packages 文件夹中创建一个扩展名为.pth 的文件，将所有的模块搜索路径添加进去，每个路径占一行。.pth 文件内容示例如下所示。

```
D:\Chapter11
D:\Chapter11\Dir
D:\Chapter11\Dir\Dir
```

## 11.3　自定义模块

Python 自定义模块是一种由用户创建的 Python 代码文件,用于组织、封装和重用可执行的代码块。通过自定义模块,用户可以将相关的功能和变量组织在一起,使代码更易于维护、扩展和复用。

### 11.3.1　自定义模块

Python 中每个文件都可以作为一个模块,文件名即为模块名。自定义模块对应的 Python 文件应存放在当前工作目录或者 Python 的搜索路径中,否则在导入时应声明路径文件夹。

例 11.5　自定义模块 mymodule,步骤如下所示。

在当前工作目录中创建 Python 文件 mymodule.py,作为模块文件。在模块文件 mymodule.py 中定义变量 age 和函数 intro(),代码如下所示。

```
#mymodule.py
age =13
def intro():
    print("我今年%d岁了。"%age)
```

在当前工作目录中创建新的 Python 文件 myage.py,导入自定义模块 mymodule,并调用 intro()函数,代码如下所示。

```
#myage.py
import mymodule
mymodule.intro()
```

运行程序 myage.py,输出结果如下所示。

```
我今年 13 岁了
```

导入模块后,还可以使用 dir()函数查看导入模块中包含的函数、类和变量。

```
import mymodule              #导入 mymodule 模块
print(dir(mymodule))         #使用 dir()函数
```

运行代码,输出结果如下所示。

```
['__builtins__', '__cached__', '__doc__', '__file__', '__loader__', '__name__',
'__package__', '__spec__', 'age', 'intro']
```

从运行结果可以看出,dir()函数返回一个列表,其中包括在 mymodule 模块中定义的所有变量、函数的名称,还包括一些内置的全局变量名称。

### 11.3.2　内置全局变量

Python 内置的全局变量如下所示。

- __builtins__：对 Python 内置模块的引用，该模块在 Python 启动后首先加载，该模块中的函数即内置函数，可以直接调用。
- __cached__：当前模块经过编译后生成的字节码文件(.pyc)的路径。
- __doc__：当前模块的文档字符串。
- __file__：当前模块的完整文件路径。模块交互式可能未定义__file__。
- __loader__：用于加载模块的加载器。
- __name__：当前模块的名字。如果模块被直接运行，那么 __name__ 的值会是 "__main__"。如果模块是被导入的，那么__name__的值会是模块的名字。
- __package__：当前模块所在的包名。如果没有定义包，那么__package__值是 None。
- __spec__：当前模块的规范，包括名称、加载器、源文件等。

### 11.3.3 特殊属性

在 Python 中，自定义模块有一些特殊的属性，例如__all__和__name__，它们分别用于控制模块的导出内容和识别模块的执行环境。

**1. __all__属性**

__all__是一个可选的列表，定义在模块文件的顶层。当使用 from…import * 语句导入模块成员时，__all__列表决定了哪些成员会被导入。如果没有定义__all__属性，那么使用 from…import * 语句将不会导入任何成员。使用__all__属性是一种显式控制模块导出内容的好方法，可以避免在 from…import * 时导入不必要的名字，减少命名冲突的风险。

例 11.6　使用__all__属性，步骤如下所示。

创建模块文件 mymodule1.py，输入如下代码。

```
#mymodule1.py
__all__=['add']          #列表中包含 add()函数，不包括 subtract()函数
def add(a,b):
    return a+b
def subtract(a,b):
    return a-b
```

创建 Python 文件 test.py，输入如下代码。

```
#test.py
from mymodule1 import *     #导入模块 mymodule1 中的全部成员
print(add(10,11))          #调用函数 add()
print(subtract(22,5))      #调用函数 subtract()
```

运行代码文件 test.py，结果如下所示。

```
NameError: name 'subtract' is not defined
21
```

从运行结果可以看出，调用 add()函数能正确输出结果 21，调用 subtract()函数则出现函数未定义的异常。

**2. __name__属性**

__name__是一个内置属性，它表示当前模块的名字。当模块被直接运行时，__name__的值被设置为"__main__"。而当模块被导入其他模块时，__name__的值则是模块自身的名字。__name__属性经常用于区分模块是直接运行还是被导入，以便执行不同的代码块。

例 11.7　使用__name__属性，步骤如下所示。

创建模块文件 mymodule2.py，输入如下代码。

```
#mymodule2.py
def func():
    print("这是模块直接运行.")
if __name__ =="__main__":
    func()                          #在模块被直接运行时执行
else:
    print("这是模块被导入后运行的.")    #在模块被导入时执行
```

直接运行模块文件 mymodule2.py，输出结果如下所示。

```
这是模块直接运行.
```

创建 Python 文件 test1.py，输入如下代码。

```
#test1.py
import mymodule2
```

运行代码文件 test1.py，此时会执行 if 语句 else 分支中的语句，输出结果如下所示。

```
这是模块被导入后运行的.
```

视频讲解

## 11.4　包

Python 中的包是一种有层次的文件目录结构，它定义了由多个模块或子包组成的 Python 应用程序执行环境。包的主要目的是提供一种层次化的组织结构，通过包可以将相关的模块和子包组织在一起，以便更好地管理和复用代码。

### 11.4.1　创建包

简单来说，包是一个包含__init__.py 文件的目录，该目录下包含__init__.py 文件和其他模块或子包。__init__.py 文件可以包含一些初始化代码，也可以是一个空文件，但必须存在，否则包将成为一个普通的目录。

创建目录 mypackage 作为包目录，在包目录中创建包定义文件__init__.py，并将前面创建的模块复制到该目录中，结构如图 11.3 所示。

__init__.py 文件在 Python 包中的主要作用如下所示。

- 标识目录为 Python 包：当目录包含__init__.py 文件时，Python 会将该目录视为包。

图中文件结构：
```
∨ ▸ mypackage
    __init__.py
    mymodule.py
    mymodule1.py
    MyModule2.py
```
图 11.3　包的结构

- 初始化包:__init__.py 文件可以在包被导入时执行一些初始化代码,例如,设置包的全局状态,或者执行一些只需要在包被首次导入时运行的操作。
- 定义__all__:定义__all__列表以决定哪些模块或对象会被导入。如果__all__没有被定义,那么 from package import * 将不会导入任何内容。
- 简化模块的导入:在__init__.py 文件中,可以导入包内的其他模块,并为其设置别名,这样用户就可以通过包名直接访问这些模块,而不需要知道实际路径,有助于简化模块的导入和使用。
- 包级别的变量和函数:__init__.py 文件也可以定义包级别的变量和函数,这些变量和函数可以直接通过包名来访问。

**例 11.8** 编辑包 mypackage 的__init__.py 文件,示例如下所示。

```
#mypackage/__init__.py
from.import mymodule                #导入整个模块 mymodule
from.mymodule1 import add as sum     #只导入模块 mymodule1 的特定函数,并为其设置别名
__all__=['mymodule', 'sum']          #定义__all__来控制 from package import * 的行为
package_a ="这是包级别变量"           #定义包级别变量
def package_func():                  #定义包级别函数
    print("这是包级别函数")
```

## 11.4.2 导入包

在 Python 中,包的导入本质上是执行导入包中的__init__.py 文件。当尝试导入一个包时,Python 会根据 sys.path 中的目录来寻找包中包含的子目录。因此,确保包所在的目录在 sys.path 中,或者包已经被安装到 Python 的 site-packages 目录下,这样才能正确导入包。

**例 11.9** 导入 mypackage 包,示例代码如下所示。

```
import mypackage                    #导入整个包
mypackage.mymodule.intro()          #调用模块 mymodule 的 intro()函数
print(mypackage.sum(2,3))           #通过别名 sum 调用模块 mymodule1 中的 add()函数
print(mypackage.package_a)          #访问包级别的变量
mypackage.package_func()            #调用包级别的函数
```

也可以采用如下方式进行导入和调用。

```
from mypackage import mymodule, sum, package_a, package_func
#使用导入的部分
mymodule.intro()                    #调用模块 mymodule 的 intro()函数
print(sum(2,3))                     #通过别名 sum 调用模块 mymodule1 中的 add()函数
print(package_a)
package_func ()
```

## 11.4.3 第三方包

在 Python 中可以通过以下 3 种方式下载和安装第三方包。

**1. 使用 pip 命令安装**

pip 是 Python 的包管理工具,它允许从 Python Package Index (PyPI)安装和管理额外

的库和依赖,命令格式如下所示。

```
pip install package_name[==version]
```

其中,package_name 为第三方包的名称;version 表示特定版本的包,可忽略。

如果使用 pip 安装时速度较慢,可以选择国内的镜像源进行加速,例如,清华大学开源软件镜像站、阿里云镜像源等。使用清华大学开源软件镜像站下载 requests 包的方法如下所示。

```
pip install requests -i https://pypi.tuna.tsinghua.edu.cn/simple
```

**2. 从 PyPI 或第三方网站下载.whl 或.tar.gz 文件安装**

如果无法直接通过 pip 安装某个包,可以尝试从 PyPI 或第三方网站下载对应的.whl 或.tar.gz 文件,然后使用 pip 进行安装。下载好文件后,打开终端或命令提示符窗口,进入文件所在的目录,然后运行以下命令。

```
pip install package_name.whl
```

或者:

```
pip install package_name.tar.gz
```

**3. PyCharm 开发环境中安装**

打开 PyCharm,选择菜单项 File→Settings→Project:project_name→Python Interpreter,在这里可以看到已安装包列表,如图 11.4 所示。单击包列表左上角的"+"按钮,然后在弹出的

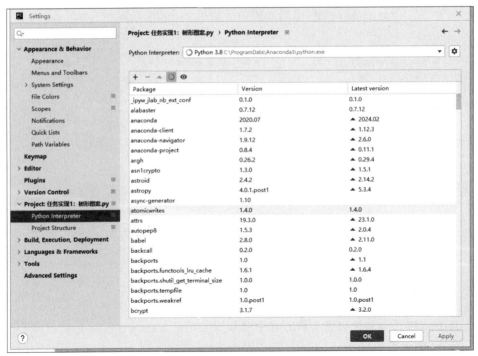

图 11.4  已安装包列表

搜索框中输入要安装的包名,单击 Install Package 即可。

## 11.5 常用库

### 11.5.1 常用的第三方库

Python 社区系统还提供了很多优秀的第三方库,这些库为开发者提供了各种扩展功能和工具,以便更高效地编写代码。以下是一些 Python 中常见的第三方库。

- numpy:支持大量的维度数组与矩阵运算,针对数组运算提供大量的数学函数库。
- pandas:提供数据结构和数据分析工具的库,使得在 Python 中进行数据操作更加简单和直观。
- matplotlib:用于创建二维图表和绘图的库,可以生成各种类型的图形,例如折线图、散点图、柱状图等。
- seaborn:基于 Matplotlib 的可视化库,专注于统计数据可视化。
- scikit-learn:用于机器学习的 Python 库,提供了大量的机器学习算法和工具,例如分类、回归、聚类等。
- tensorflow:由 Google 开发的开源机器学习框架,用于各种机器学习应用。
- pytorch:由 Facebook 开发的开源深度学习和机器学习的库。
- sciPy:用于数学、科学和工程的库,包括统计、优化、积分、插值等功能。
- requests:用于发送 HTTP 请求的库。
- jieba:开源的中文分词工具库。
- beautifulsoup:用于解析 HTML 和 XML 文档的库,它提供了一些简洁的方法来提取和操作 HTML 和 XML 数据。

下面以 requests、jieba 两个库为例具体介绍下库的用法。

### 11.5.2 requests 库

视频讲解

requests 库是一个非常流行的第三方 HTTP 客户端库,用于发送 HTTP 请求。使用 requests 库可以更方便地访问网络资源,并处理响应数据。requests 库支持 HTTP 连接保持、连接池、使用 cookie 保持会话、文件上传、自动确定响应内容的编码、国际化的 URL 和 POST 数据自动编码。

requests 库的主要方法如下所示。

- get(url):用于向指定 url 发送 get 请求。
- post(url,data):用于向指定 url 发送带数据的 post 请求。
- put(url,data):用于向指定 url 发送带数据的 put 请求。
- patch(url,data):用于向指定 url 发送带数据的 patch 请求。
- delete(url):用于向指定 url 发送 delete 请求。
- head(url):用于向指定 url 发送 head 请求。
- options(url):用于向指定 url 发送 options 请求。
- request(method,url,**kwargs):用于使用指定的 HTTP 方法向指定 url 发送请求,并使用其他可选参数。

除了以上几个主要方法外,requests 库还提供了许多其他功能和工具,例如,设置请求头、处理 cookies、处理重定向、处理 HTTP 错误、SSL 验证、连接超时等。

**例 11.10** 调用 get()方法,示例代码如下所示。

```
import requests                                      #需要先下载安装 requests
response = requests.get('https://www.example.com')   #发送 GET 请求
if response.status_code ==200:                       #检查请求是否成功
    content =response.text                           #读取响应内容
    print(content)
else:
    print(f"请求失败,状态码: {response.status_code}")
headers =response.headers                            #获取响应头
print(headers)
encoding =response.encoding                          #获取编码方式
print(encoding)
```

视频讲解

### 11.5.3 jieba 库

jieba 库是一个开源的中文分词工具,用于将中文文本切分成词语或词汇单位。它广泛用于自然语言处理(NLP)和文本分析领域。jieba 分词库具备多种特点和功能,包括中文分词、多种分词模式、自定义词典、高效快速以及关键词提取等。

**1. jieba 库分词的原理**

jieba 库利用一个中文词库确定汉字之间的关联概率,概率大的组成词组,形成分词结果。jieba 库使用了两种算法,分别是最大正向匹配算法和基于隐马尔可夫模型(hidden markov model,HMM)的 Viterbi 算法。

jieba 分词采用最大正向匹配算法来确定每个词的边界位置。这种算法从左到右扫描待分词文本,根据最长的匹配原则来确定当前词的边界。具体而言,算法从文本开头开始,根据词典中的词语长度依次匹配文本,选择最长的匹配词语作为分词结果,然后继续在未匹配部分进行匹配,直到整个文本被分词完毕。在这个过程中,jieba 分词还会根据词频信息来处理歧义,对于多个可能的词语组合,jieba 分词会选择出现频率更高的组合作为最终的分词结果。

隐马尔可夫模型是一种统计模型,在 jieba 中主要用于词性标注和发现新词。HMM 预测已分词序列的词性,即给每个词分配一个最可能的词性标签。此外,HMM 还能用于识别并提取文本中的新词,这些新词可能不在初始词典中,但根据上下文和统计信息,可以被识别为有意义的词汇单元。

jieba 还支持用户自定义字典和停用词,这使得用户可以根据自己的特定需求定制分词过程。

**2. jieba 库的分词模式**

jieba 库支持以下三种分词模式。

• 精确模式(默认模式):该模式会将文本完全分词,即将文本分成最多的词语。它把文本精确地切分开,不存在冗余单词。

• 全模式:把文本中所有可能的词语都扫描出来,有冗余单词出现。表示对同一个文本从不同的角度来切分,变成不同的词语。

- 搜索引擎模式:该模式结合了精确模式和全模式的优点,适用于搜索引擎的分词,它在精确模式的基础上,对长词语再次切分。

例 11.11 精确模式分词,示例代码如下所示。

```
import jieba
s ="中国是一个文明古国"
print(jieba.lcut(s))                    #调用 lcut()函数,返回列表数据
```

分词输出结果如下所示。

```
['中国', '是', '一个', '文明古国']
```

例 11.12 全模式分词,示例代码如下所示。

jieba 库的全模式,使用函数 jieba.lcut(str,cut_all=True),返回列表类型,有冗余。

```
import jieba
s ="中国是一个文明古国"
print(jieba.lcut(s,cut_all=True))
```

调用 lcut()函数,其中,cut_all=True 表示采用全模式,返回列表数据。该模式列出所有可能的词语,分词输出结果如下所示。

```
['中国', '国是', '一个', '文明', '古国']
```

例 11.13 搜索引擎模式分词,示例代码如下所示。

```
import jieba
s ="中华人民共和国是文明古国"
print(jieba.lcut_for_search(s))
```

搜索引擎模式使用函数 lcut_for_search(),先按照精确模式进行分词,然后把比较长的词进行再次分词,返回列表类型,结果中有冗余,分词输出结果如下所示。

```
['中华', '华人', '人民', '共和', '共和国', '中华人民共和国', '是', '文明', '古国', '文明古国']
```

## 【任务实现】

### 1. 代码分析

根据任务实施要求,首先下载安装第三方包 requests、jieba、lxml、bs4,导入相应的模块。使用 requests 的 get()方法获取目标页面的 HTML 文档,使用 BeautifulSoup 解析 HTML 文档;提取 id 为"UCAP-CONTENT"的 div 元素中的所有 span 元素,span 元素的 text 属性即为文本内容,将所有的文本内容逐行存入 gov.txt 文件中。将 gov.txt 中的文本

视频讲解

**251**

内容读取到内存,使用精确模式对文本进行分词;遍历所有的分词,统计每个分词出现的次数。定义构建排除词库,排除掉部分分词。按照出现的次数对分词进行降序排列,最后输出前 10 个分词。

**2. 代码实现**

(1) 启动 PyCharm,选择菜单 File→New Project,指定项目位置为 D:\Chapter11。

(2) 右击项目文件夹 Chapter11,在弹出的快捷菜单中选择 New→Python File,在弹出的新建 Python 文件对话框中输入文件名 webcrawler,类别为 Python file。

(3) 在 webcrawler.py 文件的代码编辑窗口,输入以下代码。

```python
import requests                            #导入 requests 库
import jieba                               #导入 jieba 库
from bs4 import BeautifulSoup              #导入 bs4 库的 BeautifulSoup 类

#获取目标网址的 HTML 文档
res = requests. get ( "http://www. gov. cn/zhengce/content/2022 - 05/13/content_
5690111.htm")
res.encoding='utf-8'
#使用 BeautifulSoup 解析 HTML 文档
soup =BeautifulSoup(res.text, 'html.parser')   #创建 soup 对象
#查找出 id 为"UCAP-CONTENT"的 div 元素中的所有 span 元素,输出 span 列表
spans=soup.select('#UCAP-CONTENT span')
#追加模式打开 gov.txt,文件不存在则新建
with open('gov.txt','a', encoding='utf-8') as file_handle:
    for item in spans:
        file_handle.write(item.text)  #提取每个 span 标签的 text 内容写入 gov.text
        file_handle.write('\n')        #添加换行符
txt =open("gov.txt", "r", encoding='utf-8').read()    #读 取 gov.txt 中的全部数据
words =jieba.lcut(txt)                 #使用精确模式对文本进行分词
counts = {}                            #通过键值对的形式存储词语及其出现的次数
for word in words:                     #遍历所有词语,每出现一次其对应的值加 1
    if len(word) ==1:
        #单字词语不计算在内
        continue
    else:
        counts[word] =counts.get(word, 0) +1
#构建排除词库
excludes ={"就业", "毕业生", "高校"}
for word in excludes:
    if len(word) >1:
        #单个词语不计算在内
        del counts[word]
#关键词排序
items =list(counts.items())
items.sort(key=lambda x: x[1], reverse=True)   #根据词语出现的次数进行从大到小排序
for i in range(10):                             #显示前 10 个关键词
    word, count =items[i]
    print("{0:<5}{1:>5}".format(word, count))
```

## 【任务总结】

通过本任务的学习,读者可以全面了解 Python 中模块的概念、模块的分类、常用库的功能,掌握模块的导入方法、自定义模块的创建及调用方法、包的创建及导入方法、第三方包的安装方法。在使用过程中需要注意以下几点。

- 模块是单个的.py 文件,包含特定的功能和代码;而包则是用于组织和管理多个模块的文件夹。严格来说,Python 中没有库的概念,库只是一个通俗的说法,既可以是一个模块也可以是一个包。
- 模块名称应该遵循 Python 的命名规范,使用小写字母和下画线(如 snake_case)进行命名。确保名称简短且具有描述性,以便其他开发人员能够理解其用途。
- 避免在一个模块中编写过多不相关的功能,最好将它们拆分成多个模块。如果模块变得非常大或包含多个子功能,可以考虑将其拆分成多个子模块,并使用包(package)来组织它们。
- 在包中,__init__.py 文件用于初始化包并控制哪些模块和子包被导入。如果__init__.py 为空,则导入包时不会导入任何模块。可以在__init__.py 中定义变量、函数、类等,或者通过 from … import …语句导入包内的其他模块。但是,请注意不要在__init__.py 中执行复杂的初始化代码,以免导致性能问题或意外的副作用。
- 如果导入的模块名称与当前脚本中的名称(如函数、变量、类等)冲突,可能会导致不可预见的行为。尽量避免使用与标准库或其他已导入模块相同的名称。如果必须使用与现有名称相同的名称,可以考虑使用别名(alias)来导入模块。
- Python 在导入模块时会搜索特定的目录(如当前目录、PYTHONPATH 环境变量中的目录、Python 安装目录下的 Lib/site-packages 目录等),如果模块不在这些目录中,Python 将无法找到并导入它。确保将模块放在正确的位置,或者在运行时修改 PYTHONPATH 环境变量以包含模块的路径。

## 【巩固练习】

一、选择题

1. 下列选项中,用于从 PIL 库中导入 Image 类的语句是(　　　)。

    A. import Image from PIL        B. import PIL from Image

    C. from Image import PIL        D. from PIL import Image

2. os 模块在 Python 中主要用于(　　　)。

    A. 进行数学运算

    B. 处理字符串

    C. 操作系统级别的功能(文件操作、目录操作等)

    D. 网络编程

3. 下列导入模块的方式中,错误的是(　　　)。

A. import random　　　　　　　B. from random import random

C. from random import ＊　　　　D. from random

4. jieba 库不支持下列(　　)分词模式。

　A. 精确模式　　　B. 全模式　　　C. 搜索引擎模式　　D. 单一模式

二、判断题

1. 第三方模块是由非官方制作发布的、供大众使用的 Python 模块,在使用之前需要开发人员先行安装。　　　　　　　　　　　　　　　　　　　　　　　　　(　　)

2. from 模块名 import …方式可以简化模块中内容的引用,但存在函数重名的隐患,因此相对而言使用 import 语句导入模块更加安全。　　　　　　　　　　　　　(　　)

3. 自定义模块也通过 import 语句和 from…import…语句导入。　　　　(　　)

4. Python 模块中的__all__属性决定了在使用 from…import ＊ 语句导入模块内容时 ＊ 所包含的内容。　　　　　　　　　　　　　　　　　　　　　　　　　(　　)

5. 程序只能使用内置的模块,不能使用外部的模块。　　　　　　　　(　　)

6. __init__.py 文件一定不能为空。　　　　　　　　　　　　　　　(　　)

7. 当__name__属性的值不为'__main__'时,表明当前模块在运行。　　(　　)

8. Python 解释器查找模块时,默认会先搜索当前的目录。　　　　　　(　　)

9. 当两个模块中有相同名称的函数时,后面的引入会覆盖前一次的引入。　(　　)

10. 如果只单纯地导入模块的函数,调用函数时只用给出函数名。　　　(　　)

11. 如果要引入 random 模块的函数,需要使用 import 关键字引入。　　(　　)

12. 如果模块位于当前的搜索路径,模块就会被自动导入。　　　　　　(　　)

三、编程题

编写程序创建一个自定义模块,在该模块中定义一个函数,函数的功能是判断输入的数字是否是回文数。回文数是指从左到右读与从右到左读都一样的正整数,例如,121、5335、6084806 等。在另一个 Python 程序中导入该模块并调用函数。

## 【任务拓展】

1. 编写程序,创建一个名为 math_use.py 的自定义模块,在程序 main.py 中导入 math_use 模块,并调用其中的函数。具体要求如下所示。

(1) 在 math_use.py 模块中定义函数,用于判断一个数是否为质数。

(2) 在 math_use.py 模块中定义函数,用于计算一个数的阶乘。

(3) 在 math_use.py 模块中定义函数,用于计算两个数的公约数。

(4) 在 math_use.py 模块中定义函数,用于计算两个数的最小公倍数。

(5) 在 main.py 中导入 math_use.py 模块,并依次调用其中的函数,输出结算结果。

2. 编写程序,利用第三方库实现英文文本词频的统计功能,具体要求如下所示。

(1) 从网上爬取一篇英文小说,将小说内容保存为 nove.txt。

(2) 将文本中的大写字母修改为小写字母,特殊字符以空格进行替换。

(3) 利用字典统计每个单词出现的次数。

(4) 按照次数从高到低排序,输出每个单词以及出现的次数。

# 参 考 文 献

[1]  赵增敏,钱永涛,余晓霞.Python 程序设计微课版[M].北京:电子工业出版社,2020.

[2]  董付国.Python 程序设计基础(第)[M].3 版.北京:清华大学出版社,2022.

[3]  王小银,王曙燕.Python 语言程序设计[M].2 版.北京:清华大学出版社,2022.

[4]  杨年华.Python 程序设计教程[M].3 版.北京:清华大学出版社,2023.

[5]  孙玉胜,曹洁.Python 语言程序设计[M].2 版.北京:清华大学出版社,2021.

[6]  王煜林,王金恒,刘卓华,等.Python 程序设计(微课版)[M].北京:清华大学出版社,2023.

[7]  黑马程序员.Python 快速编程入门[M].北京:人民邮电出版社,2019.

[8]  孙晋非.Python 语言程序设计[M].北京:清华大学出版社,2021.

[9]  王恺,王志,李涛,等.Python 语言程序设计[M].北京:机械工业出版社,2019.

[10]  郑阿奇.Python 程序设计(微课版)[M].北京:人民邮电出版社,2023.

[11]  肖朝晖,李春忠,李海强.Python 程序设计(微课版)[M].北京:人民邮电出版社,2021.

[12]  张玉叶,王彤宇.Python 程序设计项目化教程[M].北京:人民邮电出版社,2021.

[13]  陈承欢,汤梦姣.Python 程序设计任务驱动式教程[M].北京:人民邮电出版社,2021.

[14]  唐万梅.Python 程序设计案例教程[M].北京:人民邮电出版社,2023.

[15]  黑马程序员.Python 程序设计任务驱动教程[M].北京:高等教育出版社,2023.

# 图书资源支持

感谢您一直以来对清华版图书的支持和爱护。为了配合本书的使用,本书提供配套的资源,有需求的读者请扫描下方的"书圈"微信公众号二维码,在图书专区下载,也可以拨打电话或发送电子邮件咨询。

如果您在使用本书的过程中遇到了什么问题,或者有相关图书出版计划,也请您发邮件告诉我们,以便我们更好地为您服务。

**我们的联系方式:**

清华大学出版社计算机与信息分社网站: https://www.shuimushuhui.com/

地　　址: 北京市海淀区双清路学研大厦 A 座 714

邮　　编: 100084

电　　话: 010-83470236　010-83470237

客服邮箱: 2301891038@qq.com

QQ: 2301891038 ( 请写明您的单位和姓名 )

资源下载: 关注公众号"书圈"下载配套资源。

资源下载、样书申请

书 圈

图书案例

清华计算机学堂

观看课程直播